大是文化

獲利的魔鬼藏在庫存裡

手にとるようにわかる在庫管理入門

從網店經營，到公司採購、業務、財務、主管必學的訂貨與存貨技術。

物流企管顧問
芝田稔子——著
林巍翰——譯

CONTENTS

第4章 庫存周轉是在轉什麼 ……127

第5章 資訊系統的特徵和應用實例 …209

第6章 物流的發展 ……237

推薦序

從庫存檢驗企業經營的成果

策略思維商學院院長／孫治華

庫存可說是企業經營策略的內部檢核表。

我認為，這本書值得銷售業界的朋友們一讀，它不是從銷售、產品設計、商業模式或策略等層面解讀一家企業的經營，而是從庫存的觀點來思考。這是一個超級真實的角度，因為銷售、策略等，像是企業主「理想中」的經營方向，但如果你想知道自己的策略是否徹底落實，除了財報之外，庫存就是另一個非常真實的檢核點。

細緻拆解庫存知識，讓你快速學習

這本書的閱讀、學習節奏極佳，書中整合了明確的營運情境，而且為讀者循序漸進的建構庫存管理的相關知識與情境，像是最小庫存量，不同貨品、季節都會導致庫存數量的差異。同時，也可以從不同部門的角度，觀察一家企業的經營健康度，像是業務部門總是希望最快出貨，卻往往導致庫存過多，在在反映了經營層面中很關鍵的人性。

多產業領域的生動故事，引發營運思考

銷售冰淇淋的行業，要怎麼分配產能、處理存貨（淡旺季鮮明）？又像是鮪魚季這類、只有特殊季節才會有的食材，又該怎麼備妥庫存？這些內容都提醒我們，每個不同的品項，庫存管理都會有細緻的差異化，甚至在這樣的思維中，隱藏了商業模式的巧妙眉角。

例如，各位都知道一次大量採購可以壓低進貨成本，但這種做法的前提是，必須有辦法全部順利銷完，而且是在某個定價範圍中（不會被大量低價促銷），以免最後落得存貨堆積如山的結局。這時你會怎麼決策？依舊會大批進貨嗎？

庫存可說是某個品項的生命週期之一。書中有一句話很棒：「所有的庫存品，在某個階段都曾是『熱賣品』。」身為一位企業主，怎麼看待一個產品的生命週期，就決定了它的庫存量。

你正在經營電商嗎？你銷售商品嗎？建議各位可以讀一讀這本書，它就像是一門生動的拆解教學，很適合每一位零售業的夥伴。

誠摯推薦

當銷售人員拚命要求增加庫存時，老闆卻最擔心滯銷品堆積如山。買賣業的獲利關鍵在於營收、採購成本與庫存。如何精準控制每次採購數量，決定了公司是否能夠獲利。這本書深入解析每個細節，教你掌握庫存管理的核心技術，助你在競爭激烈的市場中脫穎而出。

百大經理人獎得主
Men's Game 玩物誌主持人／賴金豐

前言
獲利的魔鬼，藏在庫存裡

你對「庫存管理」的印象是什麼？如果覺得「我們只是小型企業，這件事與我們無關」，就表示你對它有些誤解。

除了製造商，批發、零售等流通業以及網路商店等，只要有實體商品，無論業種和規模，庫存管理都是必要的技術，它雖然不起眼，但非常實用。

如果你不熟悉庫存管理，請務必閱讀本書並親自嘗試。你會發現倉庫變得整潔、使用起來更方便，再加上因存貨減少進而改善了現金流，好事接踵而來。

本書整理了庫存管理的基本思維，包括維持適當庫存量所須的基本計算，各位閱讀時，還可以利用這些計算模擬自家公司的狀況。

讀到這裡，或許有些人會認為：「話雖如此，但我有點難想像，自己實際管理庫存會如何……。」為了這些讀者，我特別安排一個角色，是位名叫倉之助的年輕職員，公司突然指派他負責管庫存。首先，會透過故事的形式，幫助讀者了解管理庫存時可能遇到的煩惱，以及發現和解決問題的過程。

接著說明一下本書的結構。

第1章，倉之助任職的公司賦予他一項任務：「先找出庫存的問題，接著提出更好的管理方法，並思考改進方向。」

倉之助原先是業務部員工，因為職務調動，開始負責過去從未接觸過的庫存管理，並在過程中有了許多新發現。

第2章，我將解釋何謂庫存，以及庫存管理到底要做什麼。

第3章，解說維持適當庫存量的具體計算方法。

第4章，帶各位從了解自家公司的庫存管理水準開始，逐步說明如何改進。

第5章，提到庫存管理上至關重要的資訊系統，並一一介紹各類型資訊系統包含的主要功能。無論是要導入新系統，還是想改良自家公司開發的系統，本章的內容都值得參考。

第6章，我會整理未來的物流可能面臨的問題。隨著物流危機、脫碳等議題出現，物流業今後將會遭遇越來越多限制，庫存管理也將日益重要。

庫存管得好，不僅能增加公司利潤，還能減少多餘的報廢，它絕對是現代企業不可或缺的管理技術。

第1章

零庫存，是好還是壞？

存量過剩還是不足，怎麼判斷？

倉之助進入公司第5年時，在9月被分派到總部的物流部門。之前他一直負責業務，因此對物流很陌生。到新部門報到時，主管告訴他：「不要被舊常識束縛，要用新的觀點看問題，找出改善方向。」

公司內部網路有套「庫存管理系統」，於是他查看了「經常缺貨的商品庫存狀態」（如圖表1-1），發現有些商品幾乎沒有庫存，有些數量卻很充足。

圖表1-1：經常缺貨的商品庫存狀態

商品 No.	商品名稱	庫存數量
111	風味絕佳牛排醬	3
288	超級划算沙拉醬	300

倉之助回想自己當業務時，這兩種商品的銷售情況。風味絕佳牛排醬屬於單價較高的產品，每次收到的訂單幾乎都只下訂1個。另一方面，超級划算沙拉醬是促銷活動的常客，下單量經常超過150個。

風味絕佳牛排醬雖然只剩3個庫存，但如果客戶每次下單都只訂1個，則可視為有「3天分」的庫存。

庫存量3個 ÷ 每日訂單數1個 ＝ 3天分

雖然超級划算沙拉醬有300個庫存，但若下訂數量經常超過150個，實際上可能連2天分的庫存量都不到。

庫存量300個 ÷ 每日訂單數150個 ＝ 2天分

倉之助注意到：「看過銷售數據後才發現，即使有300個庫存，可能還是不夠。」原來僅憑庫存數量，不足以作為判斷過剩或不足的依據，還要參考銷售情況。

倉之助的發現❶

只看目前庫存數量，無法判斷存量到底是過剩還是不足，還要比對出貨狀況。

想解決上述問題，請參閱第3章第1節至第2節。

把庫存量換算成天數

接著，倉之助想起某個暢銷商品——無與倫比沾麵醬，決定查看該商品的庫存。

圖 1-2：暢銷商品的庫存數量

商品 No.	商品名稱	庫存數量
322	無與倫比沾麵醬	1,500

（按：日式沾麵醬是以高湯、醬油、味醂和砂糖為基底製成的麵食調味料。）

他心想：「這個暢銷商品竟然還有這麼多庫存。」但又覺得好像哪裡不對勁。

確實，這個商品在夏季很暢銷，有時一天能賣出500個，但現在已進入秋季，之後可能不太會有顧客購買。

倉之助詢問負責銷售該商品的同事，得知昨天客人只訂了10個，如果接下來下單量持續低迷的話，要賣完這批庫存，可能還需要150天（1,500÷10）。

只關注商品的庫存數量，很難判斷該數量究竟算多還是少。即使看到數字是1,000個、1,500個，也沒有意義。唯有將存量對照當前的銷售情況，才能獲得有意義的訊息。

以前述商品為例，如果是在銷售旺季的夏天，1,500個很快就能賣完；但在秋季，1,500個顯然太多。

● 銷售旺季時的庫存狀態：

庫存量1,500個 ÷ 每日下單量500個 ＝ 3天分

● 目前的庫存狀態

庫存量1,500個÷每日訂單數10個 ＝ 150天分

同樣都是1,500個庫存，根據商品的需求量不同，可能會出現只夠賣3天或150天才能賣完的差別。

倉之助的發現❷

思考目前的存量「相當於幾天分的量」，才能正確判斷商品是否賣得完，或該庫存是過剩還是不足。

需求會變動，春夏秋冬大不同

倉之助發現，庫存管理系統中登錄了大量從未見過的商品。他推測：「這些我不熟悉的商品，可能是根本賣不出去的滯銷品。」而且還留有相當數量的庫存。

倉之助詢問公司的資深員工後，才知道這些庫存過去都曾是暢銷品。

商品熱賣時，理所當然要備妥庫存，沒存貨反而麻煩。然而，現在這些商品賣不動了，庫存就成了令人困擾的存在。

倉之助的發現❸

銷售量下滑，卻不刪減庫存，就會導致過剩。反之，如果商品銷售量增加，不增加庫存就會缺貨。

也就是說，要配合銷售數據，調整必要的存貨量。

倉之助覺得，應該根據客戶需求來控管庫存，又想到：「那麼該在哪裡、由誰來管理？」

他任職的公司擁有多家工廠、工廠倉庫和出貨用的地區倉庫（物流據點）。交給客戶的產品，都會從地區倉庫送出，但當需求量大時，也會直接從工廠倉庫發貨。

對於公司來說，需求就是客戶要什麼，這反映在「客戶訂了什麼商品，有多少」，也就是訂單資訊。

公司接到訂單後，就會從地區的倉庫出貨，所以該倉庫也得備有庫存，更要妥善管理。

雖然地區倉庫負責出貨給客戶，但若庫存不足，就會要求工廠倉庫緊急補貨。要是工廠倉庫也缺貨，就得委託生產部門加緊生產。他們會根據要求、擬定生產計畫後製造產品。順帶一提，如果制定生產計畫後，能即時採購到製造商品所須的材料和原料，就不必預留。反之，不提前「預測」需求並備料，就無法準時交貨的話，就得保持一定數量的材料，因此也須管理庫存。

換句話說，只要製造商得預測需求並備妥庫存，無論是工廠、工廠倉庫、物流據點等，都得要管理存貨。

這一點，對於批發商和零售業來說也是一樣。批發商底下如果有一級據點、二級據點等層級，而且都備貨的話，就需要懂得管理。零售業的店鋪和物流中心也是如此。

反之，如果接到客戶訂單後才備貨，仍然能滿足交貨期限的話，就用不著管理了。

倉之助的發現❹

公司如果必須預測需求並備妥存貨的話，就需要管理庫存。

最低庫存與適當庫存的計算

正如前面提到的，工廠、工廠倉庫、地區倉庫（物流據點）等，都要管理庫存。如果這些場所都盡可能壓縮存量的話，會出現什麼情況？

庫存是為了滿足客戶需求。倉之助認為，應該配合客戶妥善管理的，是最終端的物流據點。

倉之助詢問物流據點的朋友：「假設沒有任何限制，要求你準備最低限度的庫存量，你會怎麼做？」朋友回答：「如果有預言家能告訴我明天要出多少貨，我就會按他所說的量來準備。」是的，物流據點的最低庫存量，正是明天一天所須的量。

工廠倉庫的職責，是把產品送到物流據點。倉之助也詢問管理工廠倉庫的前輩，對方回答：「我這裡的庫存，不能像物流據點那樣壓縮。確實，如果是出貨給物流據點的量，肯定是明天一天所須。但同時，剛生產的產品也會送來工廠倉庫。

公司的另一個倉儲據點——工廠的最低庫存量，性質與其他兩個地點大不同。在工廠，庫存是藉由製造而產生，不僅要準備因應據點需求的必須量，存貨量還會受生產週期和生產批量影響（按：如果下游的需求量不大，但每次生產的數量固定，就會過剩）。

倉之助的發現❺

如果沒有生產週期等限制，最低庫存量就是「1天的出貨量」。如果該據點會從生產據點（工廠等）補充庫存，壓縮到極限的庫存量就是「1天分」。

想了解出貨1天分的庫存量和最低庫存量，請參閱第3章第1節至第2節。

留意前置時間天數

倉之助意識到工廠「1天分的出貨量」後，便檢視出貨和庫存狀況。他想知道，如何以最低庫存量經營物流據點。

風味絕佳牛排醬，幾乎每天出貨1個。如果明天的出貨量是最低限度，庫存應該1個就夠了。但實際上，這個產品有時會缺貨。倉之助過去還是業務時，就曾為此向客戶致歉。

他詢問物流據點的朋友。對方說：「該產品因為單價高，庫存不會留太多。當剩下3個時，就會訂購5個補充。」

基本上，這種牛排醬每天都會從工廠倉庫補貨。如果在還剩3個時下單，照理說不會缺貨。

當他提出疑惑後，朋友告訴他：「實際上，這個產品是向其他製造商買的，下單後大約要等2天到3天才會到貨。」

倉之助的發現❻

為了避免缺貨，需要考量自下單後到實際到貨所須的天數，也就是「下單前置時間」。

如果想了解「以天數來掌握庫存」和前置時間，請參閱第3章第2節至第3節。

倉之助向主管報告「1天分的出貨量」概念，以及可藉由掌握前置時間來減少庫存。

主管很滿意他的報告，但又問倉之助一個問題：「你說的1天分和經常聽到的適當庫存量，有什麼關係？所有據點只要衡量1天分和前置時間等條件再補充庫存，就萬無一失嗎？」

倉之助想起了工廠倉庫前輩說的話：「如果是出貨給物流據點的量，肯定是明天一天所須，但是剛生產的產品也會送來工廠倉庫。」

從前輩的話來看，工廠倉庫之所以無法把庫存壓縮到1天分，原因似乎與生產排程有關。

另外，物流據點的朋友說的「庫存剩3個時，就訂購5個」，也引起倉之助的注意。當詢問朋友為什麼是訂5個時，朋友說是因為供應商要求每次至少下單5個。

由於不容易改變生產排程和交易條件，即使想把量控制在1天分，但理論上最低庫存量還是會受到這些限制影響。

倉之助的發現❼

只要最低生產批量，或與供應商交易的最低採購批量，兩者大於「1天分的出貨量」，就無法把庫存壓縮到1天分。考量上述限制後的最小庫存量才是實際可行的，這稱作「適當庫存量」。

有關「適當庫存量」的內容，請參閱第3章第4節。

倉之助深思熟慮後，很有自信的向主管報告「適當庫存量」的概念。主管雖然誇獎他，但又詢問：「如何才能維持適當的庫存量？」

倉之助查看庫存管理系統後，並未找到相關資訊。而物流據點的朋友和工廠倉庫的前輩，都說是用Excel計算下單量。

當倉之助進一步詢問計算方法時，他們坦言每次下單都會猶豫不決，「最後總是靠KKD來解決」（按：KDD指的是日語中的直覺〔カン〕、經驗〔経験〕、勇氣〔度胸〕），完全沒有任何邏輯或根據。

倉之助於是上網搜尋有無其他做法。他發現，原來一直有人研究下單方法，目前有四種主流做法。

有關「下單方法」的內容，請參閱第3章第5節至第8節。

需求會波動！怎麼抓庫存？

儘管倉之助知道，要以必須且最低的數量來管理，只要維持「適當庫存量」就好。但他想起過去跑業務時，常為了缺貨煩惱。

他詢問負責訂貨的朋友和前輩如何避免缺貨，他們提供了兩個建議：「從業務部門獲取資訊」以及「保持安全庫存」。

聽到兩人的回答，倉之助又想到過去跑業務時經常焦慮，因為當時他只在乎「要更多存貨」。然而，這樣雖能防止缺貨，但也可能導致庫存過多。

於是倉之助繼續問該如何決定安全庫存，他們都說：「只要用過去的數據來決定，大概就可以放心了。」KKD又再次登場，完全由庫存負責人自己決定。

由於得不到具體方法，倉之助便上網搜尋，發現安全庫存量其實有算式可循。雖然算式會涉及複雜的術語，如「安全係數」和「標準偏差」等，但他似乎找到了合乎邏輯的答案了。

倉之助的發現❽

應該由過去的出貨數據計算安全庫存量，而不是憑感覺：「這樣應該就夠了。」

有關如何計算「安全庫存」，請參閱第3章第10節。

倉之助打開庫存管理系統，看到許多商品好幾個月沒出貨。這些商品大都在寒冷的季節賣得不錯，而現在是炎熱的9月，銷售量自然不高。暢銷期有限的商品，就該盡量趁買氣熱的時候銷售完畢。其實之所以賣不完，與庫存超出需求有關。如果不用數據確認，很難發現過多的存貨長時間堆在倉庫中。

倉之助思索：「為什麼庫存會過多？」並查看了數據。由於生產批量遠遠小於庫存量，原因顯然與生產批量無關。

圖表 1-3：庫存過剩的原因與生產批量無關

商品 No.	商品名稱	庫存數量	最終出貨日	生產批量
302	無與倫比火鍋湯底	500	3/10	100
313	買到賺到火鍋湯底	3,000	3/20	500

倉之助突然想到，自己以往銷售商品時，曾經認為可以賣得更好，經常要求物流據點多備一些庫存。

倉之助的發現❾

庫存狀況惡化，不一定是下單負責人技術拙劣。來自銷售人員「絕不能缺貨」的壓力，也可能導致存量過剩。

想了解業務等非庫存管理部門，如何影響庫存量，可參閱第2章第3節。想知道業務部門如何導致庫存過剩，以及如何控制，請參閱第4章第6節。

庫存增加？換更大倉庫也難管

倉之助調查長期沒出貨的商品放在哪裡，才發現除了平時的倉庫外，公司還有許多小倉庫。詢問前輩後才了解，這些倉庫原本是臨時租用的，卻在不知不覺中變成固定的倉儲空間。

他把這些倉庫命名為「D倉庫群」，用來存放滯銷的D級產品，他認為只要妥善管理，一定可以清空這些庫存，如此一來，不只可以省下保管費用，還能減少移動商品的運輸費用。

倉之助也發現，D倉庫群偶爾也會放暢銷品。原因是常規倉庫已滿，所以臨時放到D倉庫。但由於D倉庫群無法直接出貨，因此得先將商品移回常規倉庫，然後再出去。這意味著常規倉庫庫存過剩，會產生額外的移動成本。

他想到自己也曾租賃個人用倉儲空間。本來打算放隨季節更換的物品，最終卻放用不到的東西，而且只要移到倉儲空間，就幾乎不會再拿出來。最後，他付了好幾年的保管費，結果還是將物品丟棄，實在浪費。倉之助認為，公司一定也發生了同樣情況。

倉之助的發現⑩

不良庫存和長期庫存，會產生額外的保管費和運輸費。如果有多餘的存儲空間，可能會疏於削減存貨。另外，還得無謂的移動庫存，產生額外的成本。

有關庫存相關費用，可參閱第2章第6節。

倉之助學會算式後，便模擬依算式管理公司庫存。他針對所有品項模擬，發現可以大幅減少存貨。

右頁圖表1-4，是按每個品項，繪製出一年內的出貨和庫存變化。也可以藉此思考，每個項目在庫存管理上，可能存在的問題。

圖表下方的長條圖，是按每週整理的出貨數據。上方的折線圖顯示實際的庫存變化，下方的折線圖顯示按算式補充後的庫存變化。

商品X的庫存明顯過剩，甚至可以質疑，該商品的庫存管理人員下單時，是否真的確認過出貨數據和庫存量等。

商品Y的庫存量雖然控制得比X少一些，但仍有很大的改善空間。從3月分的年度末之後，庫存量一直居高不下，幾乎沒有出貨。這可能是並未共享出貨減少的資訊，例如客戶不再販售該商品。3月分的連續大量出貨，可能是為了替換商品而促銷。

商品Z的庫存管理人員做得不錯，卻是以遠低於算式水準在管理庫存。可惜的是7月分出現大量出貨，若按照算式下單的話，就會缺貨。由於是突發事件，無法從過去的數據預測，因此缺貨也屬正常。可能是因為事前獲得相關資訊，所以庫存管理人能藉由增加存量來應對。

從以上內容可知，靠過去資料預測到某商品會持續出貨的話，就可以交給算式處理。但另一方面，過去數據無法預測的臨

圖表 1-4：模擬庫存管理

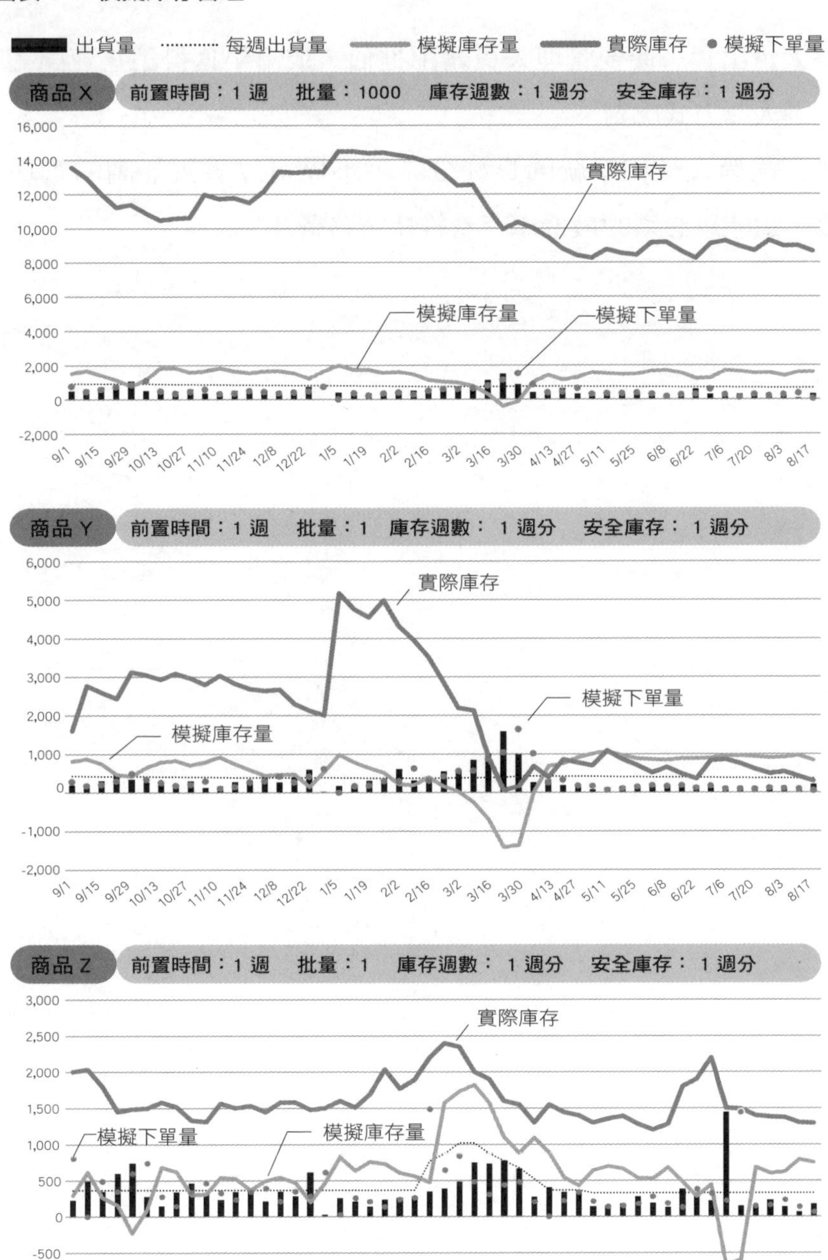
出貨量
每週出貨量
模擬庫存量
實際庫存
模擬下單量
商品 X
前置時間：1 週 批量：1000 庫存週數：1 週分 安全庫存：1 週分
實際庫存
模擬庫存量
模擬下單量
商品 Y
前置時間：1 週 批量：1 庫存週數： 1 週分 安全庫存： 1 週分
實際庫存
模擬下單量
模擬庫存量
商品 Z
前置時間：1 週 批量：1 庫存週數： 1 週分 安全庫存： 1 週分
實際庫存
模擬下單量
模擬庫存量

時大量出貨，便要管理人員藉由推估，或儘早獲得銷售資訊等，透過人為方式應對。

透過人員和系統的良好分工，不僅可以省去無謂的管理手續，還能以必須的最低庫存量維持業務營運。

存貨管理好不好，看財報就知道

主管又問倉之助兩個問題：

- 公司近五年的庫存增減情況是？
- （拿庫存增減）與銷售額相對比，情況又如何？

當主管問：「能在5分鐘內回答嗎？」倉之助只能投降。因為他認為，無法直接加總五年分的庫存數量並對比銷售額，藉此觀察趨勢。

主管卻說這其實很簡單，可以立刻從財務報表中找到「庫存金額」。

倉之助的發現⓫

資產負債表的「存貨」（inventory）會顯示庫存金額。觀察其變化，便能了解庫存的增減情況，但不能只看金額變化，應與銷售額對照後評估。

關於如何從財務報表看庫存，請參閱第2章第7節。

倉之助查看財務報表後，發現近幾年公司的銷售額與庫存的比率，沒有出現大幅變化，但仍會缺貨，而且還曾銷毀庫存。最近甚至還把庫存報廢計入特別損失，這樣真的很可惜。

庫存管理水準變得比過去差，所以他認為：「光看財務報表的庫存金額，可能無法了解實際的情況。」看來，需要逐一檢查每項產品才行。

倉之助的發現⓬

庫存管理必須依產品來執行。如果是看整間公司的庫存，或按商品類別劃分存貨，那麼過剩的和不足的品項會相互抵消，結果導致平均值看起來「還不錯」。

如果想了解庫存管理的指標，請參閱第4章第1節。如果想知道如何製作「庫存分布圖」，一眼看出當前庫存管理的水準，請參閱第4章第2節。

倉之助製作庫存分布圖後，發現庫存管理做得不好。他向主管報告，主管又問他：「如果庫存管理得不好，有什麼損失？」

庫存管理得差，會出現缺貨和過剩的問題。缺貨造成的是「銷售損失」，意味著公司失去本應透過銷售獲得的營業額。倉之助遺憾的是很難具體計算出銷售損失有多少。因為在缺貨期間，沒有記錄客戶是否下單。

他還想到庫存過剩產生的成本，便計算了未能轉化為銷售額、報廢的商品涉及的成本，發現遠比他預想的高出許多。

當然，除了報廢處理費之外，還有長期保管產生的成本，以及商品轉移到其他地點、看能否賣掉的移動成本……。

如果想計算庫存成本的話，請參閱第2章第6節。

倉之助的發現⑬

庫存過剩的成本意外的高。另一方面，如果想掌握缺貨造成的銷售損失，就要蒐集數據，實際了解「雖然下單，但由於缺貨而無法接單」的情況。公司很難完全掌握未妥善管理庫存所蒙受的損失，也很難掌握銷售損失。

當客戶一次下大量

倉之助根據訂貨法，計算還能減少多少庫存，並向主管說明。主管又問倉之助：「持續這麼做，就能算是庫存管理的理想狀態嗎？」

倉之助有點困惑，按照模擬結果來減少庫存，已經很不容易了，難不成主管期待的還不只這樣？

當再次向主管確認時，他說：「我們正面臨物流危機，原本前置時間不斷縮短，現在卻逐漸延長，這樣很可能得顛覆庫存管理的常識。」

倉之助意識到，如果有辦法去除「制約條件」，就能進一步縮減庫存。

有關庫存量與制約條件的關係，請參閱第3章第9節。

倉之助的發現⑭

減少生產批量、採購批量和採購前置時間等制約條件，就能進一步縮減庫存。

過於重視業務和生產部門的意見，反而麻煩

倉之助為了更熟練，便到處蒐集各種資訊，還學到「次佳化」（Suboptimization）一詞，它是指某個行動對某部門來說或許不錯，但從整間公司來看卻有問題。

倉之助反省自己在業務時代，曾要求庫存負責人「盡可能多備點存貨」。現在他知道那些商品長時間未能出貨，一直閒置在倉庫中，這就是次佳化。

對銷售部門而言，持有大量庫存或許很方便。然而，對整個公司來說並非最佳行動，因為最終還是淪為庫存。

生產部門和採購部門有時也會一次性製造或採購，甚至超過當前所須的數量。這樣雖能降低生產或採購成本，人員有時會因此受到表揚，然而，只有全部售出這些產品之後，才應該獲得讚美。

關於次佳化的弊端，請參閱第2章第3節。

倉之助的發現⑮

次佳化往往會為企業帶來損失，但在某些部門可能受歡迎。而且通常要長時間，才會注意到次佳化造成庫存過剩。為了達成整體最佳化，必須在公司內部建立共識。

客戶的銷售額提高！
但若沒有應對方案，就會吃虧

想提升庫存管理水準，就要準確預測需求。

倉之助在業務時代，曾有一段苦澀的回憶。雖然客戶開發了新的業務領域，但因為他無法提出能在新領域銷售的商品，最終未能替公司創造新業績。

有關整體供應鏈，請參閱第2章第5節。

倉之助的發現⑯

準確預測自家公司的需求是基本功。如果能進一步準確預測客戶需求來管理庫存，就能擴大銷售業績和利潤。經常以整體供應鏈的角度來思考，更可以大幅提高管理的水準。

賣不動的商品就放生吧

倉之助曾發現，到了月底或期末時，出貨量往往會增加。而且有些商品儘管出貨了，還是被退貨。

業務員出身的他非常了解，曾一起共事的業務部同事在想什麼。但為了改善庫存問題，他不能裝作沒看見。

這類的出貨量增加並非基於需求，而是人為因素造成的。因為業務人員想要提高銷售業績、達成業績目標，便會和對方交涉「請讓我們在月底前交貨」，造成在月底或期末之前，出現與需求無關的大批出貨。如果還附加條件「即使退貨也沒關係」，庫存就會非常混亂。

關於如何減少這種情況，請參閱第4章第3節。

倉之助的發現⑰

業務人員想要提高業績，有時會造成月底和期末時，出現與需求脫節的出貨量。然而，之後可能會被廠商退貨，導致庫存過剩。

商品特性不同，管理方法也不一樣

倉之助依據算式，逐一檢查哪些商品要持續補貨。

過程中，他發現能區分出以下幾種銷售模式：今後仍會暢銷的商品；已經滯銷的商品（被認為過剩）；目前銷量雖然下降，但預計等到季節變換後，就能暢銷的商品。

關於人為判斷更重要的管理，請參閱第4章第4節至第8節。

倉之助的發現⑱

並非所有商品的庫存都該補充。必須適當分類，以決定補充哪些，哪些該停止補充、等待庫存減少。由於銷售狀況總是在變化，某些時刻人為判斷相當重要。例如該增加庫存以避免缺貨，或管理補貨量、以避免季節性商品過剩等。

公司的庫存管理系統，功能是否足夠？

公司雖然引進了庫存管理系統，但功能僅限於了解當前的庫存量。至於下單量，則由負責人利用Excel等工具計算並下單。但這樣一來，負責人只能依賴KKD來做事，並未建立全公司通用的規則。

關於庫存管理系統，請參閱第5章。

倉之助的發現⑲

庫存管理不僅需要準確掌握數據，還包括公司如何計算建議訂貨量、建立計算規則等。

倉庫內，放置存貨的方式是否妥當？

倉之助巡視倉庫時，看到幾個紙箱擺不進貨架，便直接堆放在地板上。這種情況似乎經常發生，理由大都是來不及收納，或是貨架已滿、無法存放更多商品。

如果不擺放在正確位置，就容易找不到商品或是出錯貨。

關於庫存放置方式和現場整理，請參閱第4章第12節。

倉之助的發現⑳

妥善整理、好好擺放庫存品，與因應出貨量來管理存貨同等重要。

什麼商品能熱賣？你比業務早知道

倉之助調到物流部門已經將近一年半了。他在庫存管理方面得到認可，被公司選為年度MVP候選人，由社長親自表揚。以往的MVP都是生產部門或業務部門的員工，所以僅僅被提名，就讓主管非常高興。

消除多餘庫存，作業效率也提高了

開始管理庫存後，僅僅過了三個月，當倉之助前去物流中心拜訪時，現場的班長竟對他表示感謝之意。

「原本占據倉庫各處、『不動如山』的庫存終於清掉了，正在流動的商品庫存，總算可以好好放到貨架上。因為從位置明確的地方撿貨，所以工作失誤也減少！另外，由於之前缺乏存放空間，有些產品只能推放在貨架前、貨架旁，現在終於可以好好擺在架上。如此一來，大家的動作更流暢，大幅提高了工作效率！

「我真的沒想到，物流中心竟然隱藏這麼多過剩庫存。現在所有商品都妥善的存放，心裡真的很舒暢。」

倉之助的另一個美好回憶，是生意往來的零售店店長的回饋。「和倉之助討論後，我們事前妥善設定了季節性商品的銷售期限，因此能有計畫的布置賣場。而且，我們不必用折價的方式銷售過剩庫存，幾乎都是以定價順利賣完所有商品！」

倉之助感覺比起在業務時代、達到高銷售額目標時還要開心，覺得自己的工作更有價值。

從數據找問題，是改善庫存的不二法門

當採購中心的負責人把倉之助找去時，他其實有點緊張，沒想到負責人卻感激的說：「由於大幅減少採購中心處理缺貨的事務，也縮短了加班時間。謝謝倉之助幫我們確保了充足庫存。」

倉之助現在的目標，是在不缺貨的前提下，降低相對於銷售額的庫存水準。「跑業務雖然有趣，但老實說，有時候我不知道為什麼商品會暢銷。但庫存管理能藉由數據找到問題點，只要採取對策，數據就會改變，也看得見改善後的情況，真是有趣。」

倉之助的庫存管理策略，將會在第2章之後陸續介紹。

倉之助的發現㉑

庫存管理真的很有意思！

第2章

過度追求顧客滿意的下場

想想迴轉壽司店

備妥庫存，不是為了公司，而是為了滿足顧客需求，例如「希望在下單後的隔天就能收到商品」、「希望下單後兩天，就收到完成某某加工的產品」等。

因此，就算是在接到訂單後，才開始生產並出貨，只要能在顧客希望的期限內送達，就不必留存貨。唯有在接單時，如果公司和倉庫裡沒有存貨，而無法在承諾的交期交貨的話，就必須預備庫存。

從接單到產品送到顧客手上為止的時間，稱為「交貨前置時間」（Lead Time，也稱作提前期或交貨時間）。

一般來說，顧客通常希望交貨前置時間越短越好（但現在因前置時間過短，物流反而出現弊端，所以這樣的思維再度受到檢視。相關內容請參閱第6章第2節）。

迴轉壽司店的「庫存」是什麼？

為了讓大家更容易了解庫存的概念，這裡以迴轉壽司為例來說明。

要討論何謂庫存管理，迴轉壽司店裡正好有絕佳的「材料」。

輸送帶上不斷流動的壽司既是商品，也是用於販賣的「庫存」。顧客們挑選喜歡的壽司，端到自己桌上，就完成了「購買」。因為有庫存，所以不用花時間等待，就可以立刻享用。在這種情況下，交貨前置時間可以說幾乎為零。

另一方面，如果沒有庫存，也就是輸送帶上沒有顧客想吃的壽司，又會如何？這樣的狀況便是「缺貨」。當顧客發現沒什麼想吃的壽司時，就不會購買或乾脆不吃了。這樣一來，壽司店就會失去營業額。

當然，也有些顧客如果找不到想吃的壽司，會直接「下訂」要的口味。下單後，廚房就必須暫停手上的作業，製作指定的壽司，完成後送到客人手上。對顧客來說，雖然可以藉由下單，品嚐剛做好的壽司，卻必須等待交貨前置時間。有時候從下單到拿到為止，得等上一段時間。

對於迴轉壽司店的顧客來說，他們期待不須等待（不用特別下單），想吃的品項就會轉到面前。對店家來說，他們必須精準預測，哪些菜色是顧客想吃的，並擺在輸送帶上，才能滿足顧客的期待。

另外，廚房也得評估需求，盡可能制定高效率的生產計畫，把做好的壽司送到顧客面前。一旦「訂單」突然進來，就得暫停原先預定的作業流程來應對。如此一來，生產力自然降低。

由上述可知，不論是對顧客還是店家來說，下單和回應訂單都很費工夫。

庫存是為了填補交貨時間差

某間半導體工廠，需要花半年以上製造產品。從接到生產指示的「訂單」起，到製造完成並交貨的期間，稱為「製造前置時間」。

如果這間半導體工廠沒有庫存，客戶就得等半年以上的製造前置時間。如此一來，競爭對手就會搶走客戶。為了避免這種情況，就要事先預備庫存。

庫存是為了填補「製造期間」和「顧客需要商品的時期」兩者的差距。

此外，在收穫期和需求期之間，同樣也存在差距。舉例來說，店家一年四季都在販售鯖魚罐頭，但鯖魚不是一整年都能捕獲到的。在產季時捕到的鯖魚，會加工製成罐頭，作為庫存保存起來，然後在需求出現時，陳列在店面銷售。

另外，像冰淇淋製造商也會有「生產後先放著」的庫存。冰淇淋夏天時銷路很好，但如果希望在暢銷時生產所有的需求量，需要龐大的生產力。而到了冬天時，產線又會進入休眠狀態。

如果只有夏天產能全開，其他季節休眠，就太浪費生產設備了。因此，冰淇淋製造商不會刻意追求產能的瞬間爆發力，而是把生產時間拉長，以此備足庫存量。

正月時舉行的「大間鮪魚」（按：在青森縣大間町上岸的黑鮪魚，因為脂肪豐富且味道上乘，而被稱為「大間鮪」，是最高級的黑鮪魚）拍賣雖然相當有名，但一般家庭不可能一口氣買下一整條鮪魚，因為實在吃不完。

庫存是為了填補供給與銷售的落差

一般人買東西時，只會購買需要的量，所以才會到壽司店和超市。而壽司店和超市為了配合消費者的需求，會把批量進貨的商品（例如一整條鮪魚）分成小份販賣。這與批發商、零售商把以「箱為單位」進貨的商品，分成一個個零售的做法相同。

有些產品有「最小生產批量」。例如，有時候即便想盡可能少量生產，但最少也得生產100個。此時，如果顧客只需要10個，賣方就會賣出10個產品，剩下的就是庫存。之後如果有其他顧客下單，再從庫存出貨。

由上述可知，庫存有助於填補製造方的供給量，與消費者的需求量之間的落差。

庫存就像膽固醇，過多過少都不好

前面以迴轉壽司店的壽司為例，說明何謂庫存。如果消費者走進一間壽司店，卻發現輸送帶上空空如也，不知道心中會作何感想？

相信顧客看到這一幕，肯定會給負評：「完全沒有壽司可拿。」、「絕對不會再踏進這家店。」

反之，如果店裡明明沒什麼客人，可是輸送帶上卻有一大堆壽司（庫存），雖然客人可能會因此而開心，但很難減少庫存。結果，就是壽司一直在輸送帶上流動，最後就不新鮮了。

上面這種情形稱為「舊化」。指的是雖已退流行，還是可作為商品出貨，但價值已經大不如前。

由此可知，庫存不管是缺貨或過多，都令人困擾。

相信大家都聽過，「因為膽固醇過高，所以吃東西要小心，不能過量」等健康的話題。其實膽固醇和公司的庫存，有許多相似之處。

或許有些人對膽固醇的印象不好，但它是維持健康不可或缺的物質。然而，膽固醇如果太多，就會累積在血管裡，讓血液黏稠、流動變差，甚至可能引發嚴重疾病。

「不能太多，但也不能沒有」，就是庫存和血管內膽固醇的共通之處。另外，如果庫存過多，就會阻礙公司的現金流（血液變差），如此一來，就有可能患上嚴重的毛病。

只要能確實管理好，就能讓庫存（膽固醇）維持適量，保持現金（血液）流動順暢。

滿倉，預期與實際的落差

保持適量的庫存很重要，但存貨很容易增加。探究其原因，大都和顧客有關。本章第1節曾提到，庫存是為了滿足顧客需求，既然如此，只要數量足以滿足要求，就沒問題了。

然而，要持續維持適當數量十分困難。超過必須量的稱為過剩庫存。公司高層為了改善經營狀況，有時會下令：「減少庫存！」指的就是削減過剩庫存。

為什麼庫存容易增加？因為顧客總是明確或含蓄的要求「不要缺貨」，所以供貨方會設法避免收到訂單的當下沒有庫存，無法立刻交貨的情況。

只要客戶不說「我們不再進貨」，那麼銷售負責人便會針對顧客曾購買或可能購買的商品，要求庫存管理部門備足。

但客戶和供貨方之間其實有「資訊斷層」，即使銷售狀況變差，客戶也很少會主動告知供貨方。有時候甚至會突然說「我們要換別的商品了」；或者一段時間沒收到訂單，當銷售負責人確認時，對方才說：「其實我們不打算販售這個商品了。」供貨方根據過去的銷售狀況備妥的庫存，卻因客戶的關係而無法出貨，瞬間變成過剩庫存。

銷售負責人能直接打聽到客戶的狀況，所以若能即時掌握客戶的銷售情況和未來的銷售計畫，就可避免陷入庫存過剩的風險之中。

業務為了衝業績隨意塞貨

銷售負責人原本能詢問客戶的銷售現狀和計畫等，有助於維持正確庫存管理，但有時候他們的行為也可能導致過剩。

當公司用「每個負責人的銷售金額」來評價業績時，很容易發生這種情況。業務們為了提高銷售額，便會耍小心機。

例如，公司在期末或月底時，出貨量突然增加，這很有可能是「強行銷售」。業務負責人可能為了在考評的截止日期前讓業績更漂亮，在明明沒訂單的情況下，要求關係不錯的客戶：「能不能提早出貨？」這樣做其實是不對的，因為可能會扭曲「實際的需求」。

管理庫存要依據過去的資料，也就是「曾在什麼時候、出什麼貨、數量多少」。但因為強行銷售導致出貨資訊扭曲，反而無法正確反映顧客需求。

另外，強行銷售之所以危險，是因為可能導致退貨。甚至有些業務會在交貨時，附加條件：「過了期限之後就可以退貨了。」

對客戶來說，這樣的業務或許很好相處；但對公司內部而言，就是一大問題。供給方既然出貨了，就得相對應的生產或進貨。如果本來該出貨的被退回，立刻就會變成過剩庫存。

與生產批量有關

庫存會過剩，其中隱含著生產效率的問題。對製造商來說，追求生產效率固然重要，但前提是生產的東西得要賣得掉。「雖然需要100個商品，但不確定會不會一直暢銷」，在這種情況下委託製造100個，就庫存管理而言是正常的處置。

但實際上，能夠只生產必須數量的生產部門畢竟不多，因為通常都有所謂的「最小生產批量」。

最小生產批量，是指考量零部件、材料以及生產效率等全部要素，內部決定「即使是最少量，也至少要製造這些數量」。例如，某件商品即使需求只有100個，但最小生產批量是1,000個的話，一般還是得生產1,000個。

生產部門的考評，往往會把單位生產成本列入評價項目。在這種情況下，不會有人考慮能否賣完庫存，而調整生產批量。

如果剩下的900個沒有賣完，會對成本造成什麼影響？比較依最小生產批量生產卻賣不完，和只生產必要數量的狀況，可從下頁圖表2-1中看出，在沒有賣完的情況下，最小生產批量越大，蒙受的損失就越大。

有鑑於此，於是出現了以下看法：「就算單位生產成本較高，但只生產能銷售完畢的數量，似乎比較好」。目前已有製造商，放棄單位生產成本和生產效率至上主義，將生產模式調整為賣得了多少就生產多少。

圖表 2-1：最小生產批量越大，商品如果賣不完，蒙受的損失就越大

	單位生產成本	生產數量	生產成本	銷售單價	銷售數量	銷售額	殘餘的庫存量	收入－成本
最小生產批量優先	600	1,000	600,000	1,500	100	150,000	900	－450,000
需要量優先	750	100	75,000	1,500	100	150,000	0	75,000

大量採購能壓低單價，但庫存……

採購也會造成庫存過多。會發生這種情況，原因在於「採購價格」。一般來說，批量採購價格較便宜。和生產部門一樣，採購單價也是常見的考評項目，批量進貨可以直接降低成本，對於採購負責人來說非常有吸引力。

所以即便公司評估「需要100個商品」，如果賣方說「只要一次採購1,000個，就有打折優惠」，考慮到單價和銷售成本，往往會選擇買多一點。

可是，從庫存管理的觀點來看，只需要100個卻採買了1,000個，的確不是好做法。其實，就算用便宜的價格進貨，若最後賣不完，對公司來說就是增加額外成本。

本來以為會暢銷……

雖說一般會基於過去的資料來預備庫存，但因為畢竟是預估值，所以只要銷售不如預期，庫存就會過剩。

順帶一提，投入新商品時最容易預測失準。由於沒有過去的銷售資料可供參考，自然很難精確預測。

另外，原本銷售穩定的商品，如果銷量突然下滑，預期和現實之間也會出現差距。根據以往的銷售成績，預估銷量本來應該恰好符合「需求量」，最後卻變成了「需求量＋剩餘」。這種情況，我們也只能多花點工夫，盡可能從以往的資料掌握無法判讀的變化。

算出最低限度的必須庫存量

庫存太多、太少都傷腦筋。但只要是透過預測需求來做生意，就必須預留存貨。只是該留多少，才稱得上是適當庫存量？

同樣以迴轉壽司店為例。如果壽司數量能滿足顧客，店裡也能維持最佳狀態，是再理想不過了。

對顧客來說，想吃什麼都有，就是最好的狀況。從店家的角度來看其實也一樣，如果商品齊備、能滿足客人，就是最理想的。然而對店家而言，還得附加一個條件：「除了客人想吃的，不需要其他商品。」庫存只要足以滿足顧客，不必過多。有10個客人來店，就提供滿足10人份的壽司；50人來店時，就提供50人吃的，除此之外什麼都不留。

由此可知，庫存管理就是配合需求，將存貨維持在必要的最低限度。

提到庫存管理，很多人首先會想到「削減存貨」。或許這與業績變差時，經常聽到公司要「減庫存」有關。當然，庫存過剩，就該減少。但若是從改善的觀點來看，面臨的問題除了過多之外，還有不足。

庫存數量不夠就會缺貨——當顧客下單時，沒有足夠的商品可以供貨。如果是發售前用抽籤的方式預約，而且還是搶手商品的話，那麼即使暫時缺貨，顧客也會等待下次進貨。但假設是常用的商品缺貨，顧客就會到別處買相似的競品，公司便失去銷售機會，這叫做「銷售損失」。

算出最低限度的必須庫存量，銷售衰退就收手

除了不能缺貨，同時還要防止過剩。庫存管理之所以難，就在於需求會變動。為了配合需要的變化，又想維持最低限度的必須量，就得參考過去的銷售業績。

以商品過往的出貨資訊為基礎，才能計算出什麼時候該訂多少貨，要留多少庫存，才能不缺貨也不過剩。第三章則會詳細說明計算算式。

商品都有生命週期。簡單來說，就是從誕生到被市場認知，然後購買，最後因滯銷而退出市場。

商品第一次投入市場時，稱為「導入期」。這時期的庫存管理非常困難，因為缺乏管理的唯一數據——過去的銷售資料。

商品被市場接受，而且銷路還不錯的時期，叫做「成長、成熟期」。進入這個時期後，就可以根據以往的出貨資料，用算式來管理。

接著，當商品滯銷後，就進入「衰退期」。衰退期的銷售目標是盡量賣完。即使庫存量減少，也必須判斷「刻意不補貨」。

如果決定得太晚，就可能抱著大量庫存。至於該以什麼條

件，判斷商品何時從成長、成熟期轉變為衰退期，建議盡可能不要淪為主觀判定，而是預先設定規則、及時發出警告為佳。

如果交給「人」來判斷，由於還是會經常擔心缺貨，最後可能會太晚決定不再補貨。

實現全體最佳化，增加利潤

全體最佳化是指，配合市場的需求趨勢，把公司的供應最佳化。公司裡雖然有許多部門，但如果只有某些部門配合需求行動的話，就不能稱為全體最佳化。唯有整個組織共同妥善管理庫存，才可能實現。

如果達不到全體最佳化，就會出現過剩存貨或缺貨。過剩導致商品必須降價出售，利潤減少。如果就算降價還賣不出去，就只能廢棄。但處理也要花錢，進一步增加成本。

缺貨的話，當然會減少銷售額。為了不讓事態演變至此，便要藉由妥善管理以實現此一目標，這樣就不必浪費多餘成本，也不會失去銷售機會，利潤自然會增加。

透過供應鏈實現存量最佳化

供應鏈（Supply Chain），是指為了將商品供給市場，而參與其中的多家企業。因為供給就像鎖鏈一樣相連，而有這個稱呼。

供應鏈的實力，取決於最弱的成員

一般會依據能供應市場多少商品，來衡量該供應鏈的能力。然而，能力並非取決於供應鏈中各家企業的總和實力，而是等同於其中最弱企業的實力。

例如，企業A負責生產寶特瓶的內容物，企業B製作寶特瓶，企業C製作瓶身標籤。如果企業A和B已完成一萬個寶特瓶的內容物和瓶子，而且也出貨了，但企業C只能生產5,000個瓶身標籤的話，就只能供應5,000個商品。

如此一來，A、B、C三家企業，都會失去原本能供給並銷售的營業額。

為了避免上述情形，於是出現了「供應鏈管理」（Supply Chain Management，以下簡稱SCM），也就是把供應鏈視為一個整體來管理。

前面提到「應該實現企業的全體最佳化」，如果擴展到整個供應鏈，就是前述的SCM。

具體來說，SCM就是管理由數家公司組成的供應鏈，因應需求採行最適當的供給，也就是「以整個供應鏈管理庫存」。目前一些先進的製造商和批發商，都已開始推行這項措施，以此提高效率。

例如，纖維製造商和服裝零售業的SPA模式（Speciality Retailer of Private Label Apparel，意指從企劃、製造到銷售全部囊括）就是一例。服裝零售SPA，會把各個店鋪的銷售狀況分享給纖維製造商；而纖維製造商可以一邊觀察自家纖維製的商品賣得如何，一邊留意服裝SPA的工廠庫存，並反映在接下來的生產計畫中。

因為可以根據需求來生產，便能盡量減少缺貨和下單過多。進而達到在市場銷售期間，生產暢銷的產品。

拖出去報廢也得花錢

除了倉儲費用，如果也要人力維護存貨，就可算是庫存相關費用。我們來盤點一下其中的費用有哪些。

首先，是庫存「進」的部分，包含了調度、生產、進貨等作業，這些統稱為下單。下單決定購買哪些商品，以及要有多少庫存，成本主要為人事費用，因為要由人員確認庫存數量，並衡量未來該商品的銷售狀況等。

如果是員工負責下單，因為執行的業務已包含在薪水之內，所以是固定成本。一般來說，不太會注意到固定成本中的業務，但如果加班或經常缺貨而需要緊急應對的話，就會產生額外的人事費用。

庫存的成本，單價不是越低越好

庫存本身的成本，包括原材料費、與生產相關的費用，或是作為商品費支付給供應商的錢。

儘管有時可以靠拉高數量來壓低採購單價和單位生產成本，但要注意，只有全部賣出後，降低單價才能增加利潤。另外，就算透過大量生產抑制單位生產成本，但如果商品大量滯銷，就結果來看不會比較划算。

庫存需要保管空間，費用除了租金、保險費、水電費之外，還有貨物進出倉庫與人事的費用。

保管空間只要確定，就會成為固定成本，但這個項目大都被排除在減降成本的對象之外。儘管如此，還是該定期檢視是否真的需要這樣的空間大小，以及地點是否合適等。

有時為了擴大銷售額或事業規模，會準備較大的倉儲空間，但如此一來反而會因為認為「反正有地方可放，就先擱著」，導致存量不知不覺中膨脹，也必須注意空間是否充裕。如果庫存量比預期多，商品可能會放不進倉庫，或出錯導致工作效率下降，產生多餘的作業費用。控制庫存量在適當的範圍內，可以讓作業成本更合理。

維持庫存也要花利息，還得小心商品劣化

花在庫存的費用，還包含了「利息」。生產、購買存貨都需要現金，但若向銀行借款支付，就會產生利息，這也算是維持的成本。

另外，如果留存過多，那麼花在過剩部分的銀行借款，產生的利息也會成為額外的成本。

庫存商品面臨的風險，也包含因流行趨勢改變，造成商品價值（價格）下滑，導致無法達到原本預期的銷售額，結果使利潤

減少。

另外，長時間保管也會有風險，因為商品可能會損壞或品質劣化。這樣一來，就無法再繼續販售，於是之前投入的成本也白費了。

報廢庫存得花錢，也是買教訓

庫存處理最糟糕的情況，就是即使降價了，依舊賣不出去。如果連打折都賣不掉，就必須花錢報廢，反而增加成本，這是最應該避免的部分。

報廢的費用雖是浪費，但同時也是寶山。之所以會產生報廢成本，意味著在商品的調度、採購、保管等階段，都存在著本來不必花的費用，我們可以將其視為進一步改善之處。

報廢的庫存，換言之就是起初沒必要準備的存貨。如果能藉此判斷出真正需要的庫存量，就能將報廢成本降到最低。

庫存，是資產還是負債？

公司的經營狀況會反映在財務報表上。要是沒有妥善管理庫存，營運狀態會怎麼變化？

如前所述，對於一家公司來說，現金就像血液，庫存則像膽固醇。膽固醇固然是維持健康和強健身體的物質，但如果過多，則會引發血栓等問題，阻礙血液流動，危害健康。

同樣的，如果庫存太多，就會阻礙現金流動，使公司的經營狀態惡化。

從資產負債表看庫存

我們接著把焦點放在庫存，首先檢視財務報表。主要的財務報表有資產負債表（Balance sheet，簡稱B/S）、損益表（Profit and loss statement，簡稱P/L）和現金流量表（Cash flow statement，簡稱C/S）三種。資產負債表主要說明企業如何籌措、利用公司經營的資金。可能有些人不知道，其實資產負債表裡也有「庫存」，只是用了不同的名稱，請大家找找看（見右頁圖表2-2）。

圖表 2-2：資產負債表上也看得到庫存

資產	負債
流動資產 現金和存款 存貨 **固定資產** 不動產、廠房及設備 無形資產	**流動負債** 應付票據和應付帳款 **固定負債** **權益** 股東權益 評價、換算差額（valuation and translation adjustments）

資產負債表的右邊顯示調度資金的方法，因為是事業資金的調度方式，有來自銀行等的借款、從股東籌措的資金、以及公司到目前為止的獲利等，這些被整理為「負債」或「總資產」。

資產負債表的左邊，則顯示公司藉由籌措的資金買了什麼，或者手上持有多少現金。

左邊的項目中，也會記載建築物或設備等這類固定資產，或是公司購買的股票。資產依據變現的容易程度，可分為流動資產和固定資產。流動資產是一年內可變現的資產。「存款」算是現金，被歸類在流動資產中，這不難理解。但其他如商品庫存或應收帳款等，也被分類為流動資產。其實，像是「已存放五年」的庫存，也會被歸類為流動資產。

資產負債表之所以被稱為平衡表（B/S），是因為右邊和左邊的金額必須相同。那麼，庫存究竟在這張表的哪裡？其實，它被歸在流動資產中的「存貨」。如果有存貨，表示公司正透過某些方法獲得的現金來維持庫存。

從損益表看經營狀況

損益表能檢視公司在一定期間內，例如一季或一年，到底賺錢還是虧錢，藉此得知獲利的情況。用營業額減去採購費用（銷售成本），得到的就是毛利。毛利再減去銷售、一般事務及管理費用（按：也稱一般銷管費用）與一般管理費（日語中兩者合起來簡稱「販管費」），就能算出營業利益。

圖表 2-3：損益表示意圖

科目	金額
營業收入	2,000
營業成本	1,100
營業毛利	900
銷售、一般事務及管理費用	250
營業利益	650
營業外收入	20
營業外費用	10
經常利益	660
特別利益	0
特別損失	5
稅前淨利	655
所得稅	200
本期淨利	455

因庫存產生的費用，還有一般銷管費用中的「物流相關費用」，是因保管和移動而產生的。例如，要是存貨增多，就需要較大的空間保管，倉庫的租金也會增加。

另外，某個據點的庫存過剩時，如果推測「在其他地區可能賣得更好」，便會轉移存貨，因此產生運輸費用。同樣的，如果某個據點缺貨，就會從庫存充足的另一個據點轉移過來，或者從工廠倉庫緊急補充，同樣會產生多餘的運輸費或應對緊急事態的高昂費用。

由此可知，庫存不論是過剩或過少，都會削減營業利益。

看現金流量表避免黑字倒閉

現金流量表是「表示現金流動的報表」，可以藉此知道公司在一段期間內，例如一季或一年，現金流出和流入的情況。

要維持公司健康，現金流量表可能是財務報表中最重要的。雖然製作現金流量表是上市公司的義務，但中小企業也須注意現金出入的情況。

所謂「黑字倒閉」，指的是**損益表上雖然賺錢（黑字）**，也就是有獲利，但到了付款時，**卻沒有足夠的現金支付**，因資金周轉不靈而導致倒閉，這是因為沒有妥善管理現金流而發生的悲劇。公司在生產和進貨上投入大量資金，結果卻有大批商品放在倉庫裡，這也可能導致黑字倒閉。

存貨滯留讓公司血液循環變差，其實可以節稅！

我們看一下現金流量與庫存的關係。庫存算是公司花錢買來的商品，可說是現金的變形。

如果維持現金的型態，那麼要怎麼運用都可以。但變成庫存後，要使其變回能運用的現金，就得銷售商品，並收到貨款。

把存貨賣給客戶，收到的錢就會成為損益表中的「營業收入」，再計入利潤裡。然而，如果從現金流的角度來看，還無法讓人安心。

為什麼不能放心？因為實際收到貨款前，可能會等上一段時間。要是貨款還沒到，卻有一大筆支出到期的話，經營上可能就會陷入困境。

從公司的健康狀態來看，庫存過多稱不上健全，因為累積的存貨會阻礙現金流動，使「血液循環」變差。

先前提到流動資產，指的是一年內可以變現的資產。我們應該檢視的是現有存貨是否在「流動」。換句話說，就是指如果想賣掉庫存，是否能順利找到買家。

已經在倉庫存放了好幾年的商品，也許有些已稱不上是「一年內可以變現的資產」了。這些存貨是否還保有購買時的價值，得視情況而定。

如果公司的資產負債表上，有些庫存已經放了好幾年，但還是按照過去的金額來計算，可能就要注意了。

這是因為假如商品時價下跌，就可以按照跌價後的價值來評估資產。也就是說，可以把下跌的部分作為跌價損失計入。如此一來，或許也能夠作為節稅的對策。關於這一點，建議可向稅務顧問諮詢。

專欄

整合供應鏈上、下游，打造永續物流

為了應對即將到來的物流危機，物流業務必須徹底減少浪費。然而，僅憑自家公司，能做的恐怕還是有限。

其實，只要整個供應鏈一起投入，那麼僅憑一家做不到的改善，就能靠眾人的力量達到。例如，如果能放寬與加工食品交貨有關的「三分之一原則」（按：意指必須在賞味期限前三分之一的時間，交貨給零售商。第六章會詳細解說），便可大幅改善物流和庫存管理。

再者，確實減少食品報廢，也能直接有益於企業的經營狀況。損失減少，利潤率就會提高。藉由延長交貨前置時間，可以從日常的物流第一線減少浪費，也能創造出高生產力的環境，進而減少物流成本。

今後，對於供給力逐漸減弱的物流功能，為了使自家公司的物流長久延續，就必須超越目前所能做到的程度，以供應鏈的角度，盡可能的限縮物流才行。

作為提高物流永續的措施，本書的所有方法都有助於降低物流成本。雖然有人認為，「延長交貨前置時間，會讓庫存增加」，但即便稍微增多，也幾乎不會對制約條件之一，也就是貨車司機的調度造成不良影響。

降低物流成本和應對物流危機，兩者可以並進。只是今後物流成本預計還是會不斷上漲，所以砍成本的主要重心還是放在抑制成本攀升。

靠物流來競爭，越來越難

日本從昭和到平成年代（按：1926年至2019年），若提到物流服務，一般常識就是「快速、細碎、客戶說的算」。

快速，就是一下單就馬上出貨；細碎，就是只買一個也可以；「客戶說的算」，就是指提供客戶希望的附加作業等。雖然上述都是為了滿足客戶期望所做的，但若要說是否真的是為了客戶？答案可能並非如此。

因為這樣的物流服務必然會產生高昂的成本。如果只是短期的商業關係也就罷了，若要持續長期合作，選擇高成本體質的企業作為合作夥伴絕非明智之舉。

員工的人事費用會不斷上升，如果今後還要持續這樣的物流服務，可以想像成本將越來越高。

另外，「零碎」的物流，也代表車輛的裝載率會下降。如果用的是物流公司的卡車，對方可能會以效率低為由不來載貨。

今天，企業和消費者都可以在網路上輕鬆掌握商品資訊。

如果把包含高成本體質企業的供應鏈，拿來和低成本的供應鏈比較，各位覺得前者還有可能持續提供高性價比的商品嗎？

如果是處理同樣的商品，向性價比較高的供應鏈購買，無論是對企業或消費者，都是安心的選擇。

我認為，憑物流服務來競爭的環境，今後將會逐漸消失。

整個業界一起努力的話，就能產生巨大的效果

其實，只要以整個供應鏈投入，就可以省下物流中的巨大浪費。如果把製造產品到供應市場的活動（供應鏈），看成是縱向的流動，就可以把同業其他公司視為橫向的連結。

要是所有企業都開始以節約、不浪費的物流為目標，供應鏈的夥伴之間自然會互相幫助、運送。如果能實現這一點，就可以從縱向流動和橫向連結兩方面，徹底減少浪費，進一步實現高效率的物流。

舉例來說，如果在一個供應鏈中，卡車沒有裝滿貨物的話，可以藉由多個供應鏈廠商來拼車裝載，就能讓貨車達到接近滿載的狀態。

一般來說，相似產品的供應鏈，其物流的特性和途經地也會很接近。這時，便可以考慮共同使用卡車和物流中心。

「平臺」是效率化的基礎

由多家企業共同使用相同平臺，便是解決物流危機的策略之一。平臺可以是資訊系統，也可以是運輸系統。

這個想法源自於，如果多家企業具有相似的物流特性，就不必分別建立各自的物流系統，而是「利用已成形的物流系統來運送」，不是更好嗎？

現在實體互聯網（Physical Internet）作為這種思維的一環，已經受到多方關注，它指的是利用固定大小的容器，讓多家企業共同使用物流，就像在網路中移動的封包（數據的單位）一樣。

對企業來說，越早了解通往未來物流樣貌的路線圖，絕對是好事。

第3章

多少算適當？
多少算過量？

從源頭開始管理——下單

庫存沒有所謂的最理想狀態，但在考量各種原因、不得不預備的情況下，首先要達到的目標量是「1天分」。

有人可能會覺得這樣太不切實際，但作為改善的出發點，如果不縮減到極致的話，就無法描繪出減少庫存的可行路徑。

極致壓縮庫存量

「以1天分的庫存做生意」開始，如果還加上條件「實際上因為會碰到○○情況，所以這麼做不可行」，就要逐步思考，找出各項商品的最低限度必須庫存量。

無法將庫存量縮減到最低限度的因素，稱為「制約條件」，也就是「無法進一步減少庫存量的限制條件」，後面的章節將會詳細解說。

制約條件中，也包含訂貨批量和生產批量。例如，就算只想下單100個，但如果最小下單批量是1,000個的話，還是只得訂1,000個，這就是限制。

計算「1天分」的庫存量

庫存管理會依據商品項目來執行，所以要計算每種商品各自的1天分庫存量。

一天必須的存量，是指「一天工作所需要的量」。這話聽起來好像理所當然，但它指的並非今天的庫存，而是明天工作需要的存量。換句話說，就是「庫存量能完全滿足明天的客戶訂單」。

總而言之，計算1天分的必要庫存量，就必須以客戶1天分的訂單資料為基礎。

客戶的訂單內容每天都不一樣，但還是得設法預測「明天的1天分」是多少。最適合作為預測依據的，莫過於同種商品過往的出貨紀錄。

從以往的出貨狀況，擷取過去幾天的出貨量平均值，算出平均一天要出多少貨，就可以得到用以預測的數值，這就是每日的平均出貨量。

關鍵是「每日平均出貨量」

那麼，每天的平均出貨量，該以過去幾天分的出貨數據為對象來計算？如果是預計銷售一年以上的商品，或是正在販售中的商品，可以使用「過去一整年」當作計算的基礎。要是能有兩到三年分的資料，就能再提高精確度。至於銷售期間較短的季節性商品，會在第四章詳細說明。

若某個特定商品，每年都會出現季節性波動，就可以用每日平均出貨量為基礎，藉由設定指數的方法，例如在某個特定時期增加兩成，在另一個特定時期減少一成來調整（季節性波動也會在第四章說明）。

每天平均的出貨量，得依不同商品來計算，這一點很重要。另外，計算的期間，也要每天移動才行。

下頁圖表3-1，是計算每日平均出貨量的示意圖。為了方便理解，這裡以一段短時期來示範計算方法。計算期間如圖表下方的帶狀部分所示，可以看出範圍是會移動的。20日當天計算的對象是10日至20日、10個數據的平均值；而在21日，則是計算出12日至21日、10個數據的平均值。

圖表 3-1：求出到某日為止的出貨量移動平均值，表中取 10 天為一週期來計算。

10日	11日	12日	13日	14日	15日	16日	17日	18日	19日	20日	21日	22日
4	0	4	5	10	7	15	15	10	12	15	18	22

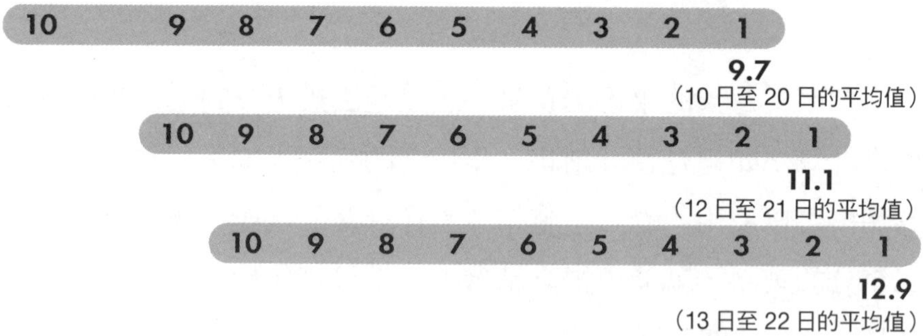

10 9 8 7 6 5 4 3 2 1

9.7
（10 日至 20 日的平均值）

10 9 8 7 6 5 4 3 2 1

11.1
（12 日至 21 日的平均值）

10 9 8 7 6 5 4 3 2 1

12.9
（13 日至 22 日的平均值）

目的是確認「平均銷售力」

有人可能會問，為什麼要以過去一整年的出貨量，來計算每日平均出貨量？這是因為我們的目標是找出該商品一整年的「平均銷售力」。

一般認為，一整年常銷的商品銷售動向，證明了雖然每天會出現些微增減，但大致上會落在某範圍內。

我們通常會覺得，盡可能掌握最近的趨勢，或許更能準確預測明天的需求。如果只以過去近一個月為對象，來計算每日平均的出貨量，那麼比起以「一年」為對象，能更加敏銳的反應需求變動。

出貨量較少的時期，每日平均出貨量也會比較小；出貨量多的時候，當然數值也會比較大。也許大多數人會認為「可以配合需求的變動來妥善調整」。但如果出貨量少，就配合縮減庫存的話，要是某天需求突然增加，反而會來不及補充庫存，如此一來就有缺貨的風險。

若以過去一整年為對象計算每日平均出貨量，就會和前面的例子相反，庫存可能有在短期內過剩的疑慮（按：如遇到淡季）。

確實，這樣可能會造成庫存一時之間過剩，但若是以一整年的出貨量來看，這只是量少的一段時間發生的狀況，等到出貨量達到或超過年度平均值時，過剩的情況就會解除。如果是預計銷售兩到三年以上的商品，出貨量在銷售期間會趨於平均值，所以不會造成問題。

看出銷售狀況的變化

如果商品需求在短時間內突然大增或不斷減少，就必須趕快找出原因並設法應對。

以一整年的數據計算的每日平均出貨量，即便出現前述的貨量變化，但因為無法敏銳的反應，人員很可能不會察覺到需求的增減。

為了儘早發現需求的變動，有一種方法能在短期間內檢視每日出貨量的波動。如果直接使用每天的數據，會因為波動頻繁，不容易抓住趨勢，因此以週為單位整理數據，更會容易理解。做法是在Excel中，利用WEEKNUM這個函數，就能從日期簡單的計算出某日是某一年的第幾週。

以週為單位統計出貨量後，我們就可根據其變化來判斷和應對。例如「連續三週」的變化就能視為一個基準。

要是出現「連續三週超過前一週的出貨量」或「連續三週超過平均出貨量的1.5倍」等狀況，就可視為出貨量增加的訊號，此時要考慮是否得調整庫存的持有量。反之，如果出現出貨量減少的跡象，做法也一樣。

經過討論後，如果覺得這種趨勢還會繼續下去，就必須調整存量。但如果只是盲目調整數字，就無法透過假設，檢驗為什麼會成功或失敗。具體來說，我推薦的方法是調整每日平均出貨量，例如可以把每日平均的出貨量，換成過去三個月的每日出貨數據平均值。

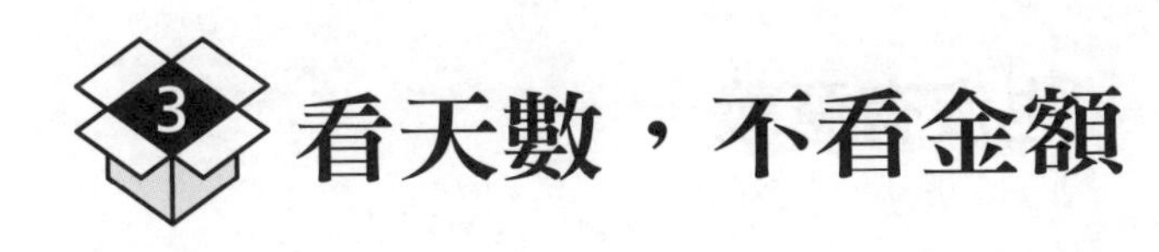

3 看天數，不看金額

在財務報表中，庫存是作為「存貨」、以金額來表示。而當經營高層下令減少一成的庫存，此時指的其實是「減少一成的庫存金額」。

然而，在物流中心等執行日常管理業務時，用的不是金額，而是以數量和重量等，必須配合顧客訂單的單位來掌握存量。這既是管理庫存的前提條件，也是為了準確掌握改善的效果。

商品有昂貴的，也有便宜的。售價10萬日圓的商品A，即使庫存只有一個，也相當於10萬日圓的存貨。售價100日圓的商品B，即使有100個庫存，也只相當於1萬日圓的存貨。像是前者的情況，根本不可能把商品A的庫存（金額）削減10%。

日常管理和設定改善目標，用的通常是數量或重量等，以客戶下單所使用的單位為主。因為單位不是金額，在本書中也會用數量來統稱。

庫存必須以「數量」來管理。如果依據商品不同，而有顏色或尺寸上的差異，就必須個別區分。

如果資料庫中只有庫存金額，表示該倉儲現場還未執行準確的庫存管理。

只看「數量」，也沒有意義

雖說要用數量來檢視，但如果只看存貨數字，也沒有意義。如右頁圖表3-2，若現在只看最左邊兩欄，可知有三種不同的商品，庫存都是500個。光是這樣，你覺得庫存量適當嗎？

正確答案是，「如果只有這些資訊，很難說是多或是少」，還必須比較該商品現在的銷售狀況，才能判斷庫存量適當與否。

在此，前面提到的「每日平均出貨量」就派上用場了。利用這項資料做庫存數量的除法，就能知道以目前的銷售情況，可以應付幾天分的出貨，而且還能知道是否有削減庫存的餘地。

我們回顧一下剛才提到的三種商品各自的銷售情況。

三者的庫存數量都是500個，再將數量對照各個商品的每日平均出貨量，透過以下的除法：

庫存數量 ÷ 每日平均出貨量

藉由算式計算後，可以得知「現在的庫存量可以應付幾天的出貨」，這稱為「出貨對應天數」。

圖表 3-2：計算出貨對應天數

	庫存數量	每日平均出貨量	出貨對應天數
商品C	500個	1,000個	①
商品D	500個	500個	②
商品E	500個	10個	③

這是簡單的除法，很容易計算。答案是，①0.5天分、②1天分、③50天分。

數量同樣都是500個，但根據銷售情況不同，出貨對應天數有的不到1天，有的則多達50天。

因為商品C的出貨對應天數只有0.5天分，如果客戶明天下訂的量是平均出貨量，就會缺貨。商品D的出貨對應天數剛好是1天分，所以或許剛好足夠。商品E的出貨對應天數有50天分，因此暫時不需要補充庫存。

僅憑庫存量，無法判斷是否足夠，但如果將其換算成天數，就能判斷「快要不夠了，得趕快補充」或「暫時夠用，還不必下單生產」。

必備的三種天數

庫存管理上，一定會用到以下三種天數：

❶出貨對應天數。

❷前置時間天數。

❸庫存天數。

正如前面說明的，出貨對應天數是指以出貨狀況來看，現有的庫存量相當於幾天分的供應量。這個數值會根據存量和出貨狀況每天變動。

正因為需求會變動，所以才必須管理庫存。由此可知，「出貨對應天數」是相當重要的資訊。

前置時間天數，是指客戶下單後幾天可以收到貨，或者可以使用的天數，它往往會依據商品或供應商，作為交易條件來決定。

前置時間天數不僅適用於公司之間，也可以用在公司內部。例如委託生產部門生產後，要過幾天才能到貨，這時就會用到這種說法。

無論如何，前置時間天數並非採購方能自由決定的，這會成為庫存管理上的一大制約條件。

庫存天數則是自家公司、部門決定的，是針對每件商品判斷「要持有幾天分的庫存」。

庫存應該保留必要的最低量，由此可知，極限的庫存量應該是「1天分」。然而，如果設定經常出貨的商品庫存量為1天分，就得每天下單、補充才行。

如果不希望業務運營上發生這種情形，就要考慮下單業務的負荷量和補充庫存的接收體制，以此設定庫存天數。

高頻率出貨的商品，庫存天數幾乎就等於補充間隔。也就是說，如果設定庫存天數為「5天」的話，只要出貨量沒有什麼大變化，就會每五天補充一次。

另外，補充庫存時，如果一次入庫好幾天分的存貨，可能會占用太多倉儲空間，因此就算會增加補貨、接收的次數，有時也會選擇縮短庫存天數。

倉儲管理部門能自由決定的數值，只有庫存天數而已。至於該怎麼設定，則要依據公司的庫存管理規則來決定。

當最小下單批量改變

在接受庫存管理的相關諮詢時，我經常聽到客戶詢問：「想了解什麼是適當庫存？」、「如何維持適當庫存？」

適當庫存原本是指「自家公司應該持有的存量」，若無特別的限制，就是公司決定的庫存天數。

然而在管理上，有時會存在一些障礙。例如，能下單的日期受限或只能在星期幾下單，或者下單的數量必須固定等。以上都稱為「制約條件」。

考量到上述限制，適當庫存便有明確的定義，而且還能依照不同的商品來計算數量。它的定義如下：在賦予的制約條件之中，能對應最大一項條件的庫存量。換句話說，就是處理某項商品時，不得不持有的量。

只要存在制約條件，該商品的存量就得順應這些條件，決定必須持有的數量。

制約條件如何影響適當庫存？

有很多因素會成為庫存管理的制約條件，這裡就以最容易想像的「最小下單批量」為例，和大家一起想想看，以下問題的適當庫存應該是幾個。

【問題】

商品F現在每天平均賣出10個。下單的負責人，原則上每項商品都訂購7天分。但商品F有個制約條件，就是最小下單量為1,000個。

因為庫存不斷減少，負責人考慮下單訂貨。在這種情況下，他應該訂的量是多少？另外，實際的下單量又會是多少？

【解答】

下單的負責人想訂的量是「10個×7天」，也就是70個。但是，實際的下單量是「1,000個」。因為最小批量是「1,000個」，所以即便負責人期望的數量低於這個數字，也不得不拉高下單的數量。

庫存管理要把存量縮減到必要的最低限度，但如果存在制約條件，則會妨礙縮減的作業。

只要超過適當庫存，就算是過剩

即使依照銷售狀況來判斷，商品F必須的庫存量也是70個，但因為受到最小下單量的限制，所以不得不下訂1,000個。

當F商品補充了1,000個的瞬間，按照下面算式，可知F的庫存就會變成「100天分」了。

1,000個÷10個（每日平均出貨量）＝100天分

或許有些讀者會覺得，100天分的庫存實在是「過剩」了，但在這種情況下，其實不能說是過剩，這只不過是按照制約條件持有的庫存量而已。

當然，存量的確大幅超過必須數量，如果能減少，肯定是再好不過了。但如果想縮減的話，就必須改變制約條件。

制約條件改變，適當庫存也要變動

請大家思考一下，當制約條件改變時，適當庫存會出現什麼變化？

【問題】

和供貨商協議後，對方願意把最小下單量縮減為過去的一半，也就是500個。商品F現在每天平均銷售10個。請問下單負責人想訂的量是多少？另外，實際的訂貨數量又是多少？

【解答】

負責人想訂的量是「10個×7天」，也就是70個。但是，最小下單批量是500個，所以訂貨量是500個。

制約條件（最小下單批量）變小，但如果負責人還是和以前一樣下訂1,000個的話，就是錯誤的做法了。另外，如果庫存量超過制約條件500個的話，則可判斷為過剩庫存。

看數據、別憑感覺

在既有的制約條件下抑制適當庫存，可說是實際可行的「維持必須的最低限度庫存量」。

那麼，如何才能維持適當的庫存？在庫存管理的世界裡，至今還是經常聽到「KKD」這個詞。

這裡再複習一下，所謂的「KKD」就是直覺、經驗、勇氣，是一種決定訂貨量時煞有其事的「手法」。相信讀者們也能從這個詞彙中，體會到決定下單量真的很難。

憑藉著KKD，下單量會受到負責人的各種想法左右，即便是資深老鳥，也很難預測未來。

只有過去的銷售成績，才是可靠的現實

我們無法準確預測未來，但可以用數據來預估「貼近未來的狀況」。尤其是從過去到最近為止的銷售成績，會是最貼近的確實資訊。

不仰賴KKD，而是根據過去的銷售數據，先假設明天之後的出貨狀況相同，然後計算必須的庫存量並適度的補貨，就能維持適當庫存了。

除非發生如引進新產品或更換商品等狀況，無法直接沿用過去的數據，否則基本上都會依循先前的資料，並假設解讀到的銷售趨勢會延續下去。這就是現階段有助於庫存管理，最確實的未來預測。

用算式掌控「進貨」

雖說庫存是為了因應客戶的訂單而持有，但基本上我們無法控制「出」，也就是出貨，因為誰也無法預測客戶會在什麼時候、訂購哪一項商品，以及要出什麼貨。

庫存管理該做的，是控制「入」，也就是進貨。檢查出貨和庫存的狀況，為維持適當的存量而下單（所須的計算方法，留待下一節介紹）。

下單之後，之後就會依據下單內容補充庫存，因出貨而減少的存量也會恢復。如此周而復始，就能不缺貨、也不會過剩，這些都可以透過算式來管理。

四種訂貨方法，最推薦其中兩種

要掌控訂貨，其實有特定的方法。一般來說，有四種訂貨法最廣為人知（見下頁圖表3-3）。

圖表 3-3：一般常用的四種訂貨法

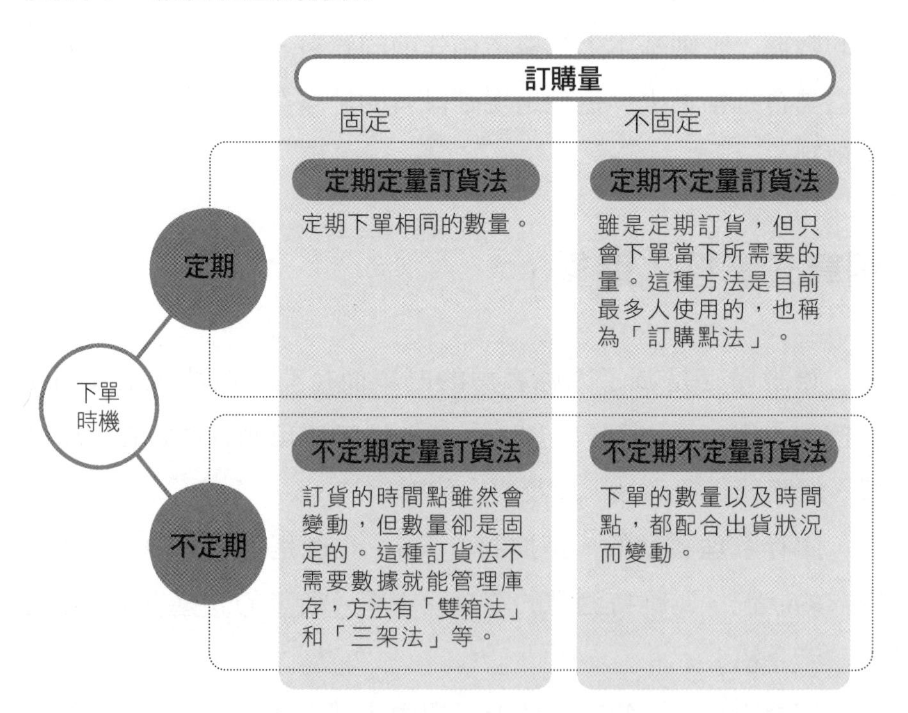

我們可依下單的時間點定期與否，和訂購的數量是否固定這兩種要素，區分出以上四種訂貨方法。

 定期不定量訂貨法

訂貨法中，我推薦前頁圖表3-3右側兩種方法，它們的共通點是「不定量」。庫存管理得配合需求量的變動，因此方法必須盡可能適應變化才行，也就是應該考慮不定量的方法。

訂購的時機分為定期和不定期兩種，這要視下單時間是否受限來選擇。

如果是「限定每月的幾號，或者每個星期幾為下單日」的話，就使用定期不定量訂貨法。如果沒有限制，就選擇不定期不定量訂貨法。

業界最常用的方法

定期不定量訂貨法應該是最普遍的。有生產週期的製造商，或是下單時間固定的流通業者等，都會採用這種方法。

所謂的「下單時間受制約」，可能是以下幾種情況：

- 生產週期是以一週、十天或月為單位的製造商。
- 下單的時機固定，例如「指定的日期」、「每個星期幾」等。
- 儘管隨時都能訂貨，但入庫的日期固定為每個星期幾。

因為下單時機固定，例如「每月幾日」或「每星期幾」，所以稱為「定期不定量訂貨法」。

應該沒多少製造商每天都會有生產計畫、產品也沒有生產週期，所以現實中大部分都是用這種方法。

流通業者雖然不必拘泥於生產週期，但自家公司的業務行程表，也有固定的下單日或是在星期幾下單，有時還得配合客戶的狀況來決定。在這種情形下，通常採用的也是定期不定量訂貨法。就算公司每天都下單訂貨，但如果不同商品類型的下單日期是固定的話，還是會採用這套方法。

要是沒有限制、隨時可以下單，則要採用不定期不定量訂貨法，下一節將會詳細介紹。

下單間隔，也就是庫存量

定期不定量的話，原則是「下單間隔等於庫存量」，如果是每週下單一次的話，庫存量就是一週分；每個月下單一次的話，庫存量則是一個月分。

請參考右頁圖表3-4，這是一週委託生產一次的情況。因為生產計畫是以週為單位擬定的，所以下單也要與之配合。以週為單位擬定生產計畫，稱為按週生產，而以月單位來擬定的，稱為按月生產。

因為下單（委託生產）後，要兩週後才可能交貨，所以把前置時間設定為兩週。每週星期一下單，配合訂貨開始生產，下單的兩週後就可以交貨了。

圖表 3-4：下單和前置時間的關係，下單後要到下一週尾聲才能生產完畢。

	星期一	星期二	星期三	星期四	星期五
	1	2	3	4	5
第 1 週	下單①	生產①→			
	8	9	10	11	12
第 2 週	下單②	生產②→			生產完畢①
	15	16	17	18	19
第 3 週	可以交貨① 下單③	生產③→			生產完畢②
	22	23	24	25	26
第 4 週	可以交貨② 下單④	生產④→			生產完畢③

順帶一提，不管前置時間是三個月還是六個月，如果是以週為單位生產的話，就是「按週生產」；如果是以月為單位生產的話，就是「按月生產」。按月生產時，下單也以月為單位，一次訂購一個月分。

以「不定量」應對需求變化

下單時期受限，就要以「訂購量」應對需求的變動。

以按週生產為例，下單日當天預測「前置時間後一週內需要的量」，然後下單。如果需求量少於預期的話，出貨量減少，所以會留下許多庫存，這稱為庫存剩餘。

當庫存剩餘很多，下次訂貨時就可以考量這個部分，少訂一點。反之，如果出貨量比預期來得多，庫存就會減少，下單時就要多訂一點。

可能有人會想：「如果出貨量比預期多的話，庫存不就不夠了嗎？」為了預防這種情況，公司會經常保持「安全庫存」，以應對某種程度的出貨量暴增（有關安全庫存，將在本章第10節詳細說明）。

基本算式演練

定期不定量訂貨法，得預測「交貨前置時間後的一週」或「交貨前置時間後的一個月」所須的庫存量。由於必須預測稍微未來的事，便會對預測是否精準確到不安。因此下單量應盡可能有所依據，可以用過去的出貨數據為基礎，來計算下單量。

這裡，我以每週下單的模式來說明算式。首先應盡可能排除毫無根據的猜想，如「下週的營業額搞不好會增加」、「營業額可能會減少」等，比較妥當的做法是推敲「下週的營業額應該會和這週差不多」（如果例年都會出現季節性變化，這部分將會在第4章第3節說明）。

我們看一下每週定期不定量下單的計算方法。今天是第一週的第一天，我們要計算下單量，也就是圖表3-5中的「？」欄位。今天下單的產品，會在第三週到貨。所以第三週的「？」欄位，會填上與第1週的「？」相同的數字。

圖表 3-5：算出採購量

	第0週	第1週	第2週	第3週
下單	100	？		
到貨		95	100	？
出貨		100	100	100
待交貨訂單	195	100		
剩餘庫存	①100	95	95	②100

首先，訂貨前要先確認還有多少庫存，得知①是100個。然後，從要下單時開始，到交貨前置時間後的一週，也就是第三週的出貨結束為止，計算會有多少（預測的）進貨和出貨量。

另外，定期不定量採購法的下單量，目標都是「交貨前置時間後，當一星期的出貨期間結束時，只剩下安全庫存」。這麼一來，可在不缺貨和不過剩的情況下，維持最低限度的必須庫存量。以這個例子來說，商品安全庫存是100個，那麼第三週的剩餘庫存②就是這個數字。

再加入前面提到的資訊後，算式就如以下所述。計算出來的「？」，就是第一週的下單量。

剩餘庫存＋到貨量合計 − 出貨量合計＋「？」＝100（想留下的庫存量）

詳細的計算內容，就如以下這樣：

剩餘庫存＋到貨＝剩餘庫存100＋到貨95＋到貨100
出貨量合計＝100＋100＋100（預測本週的銷售情形和之前一樣）

把這些數字代入剛才的算式裡，算出「？」就是「105」。

用這樣的順序來計算，就是定期不定量採購法。這裡的例子是按週來計算，如果把週換成月的話，「按月」的下單量仍是用相同的思路。

別忘了共享待交貨訂單

前述計算得到的出貨量，是依據過去的出貨數據、假設這週和下週的出貨量相同而得到的結果，這個數字只不過是預測值、而非定案。真實的出貨會依據實際情況而變化。

另一方面，關於到貨，我們已經計算了「預定到貨」量，這個數字是確定的。因為在前置時間之前就已經下單，所以一定會有相應的數量進來。

這個數據叫「待交貨訂單」，指的是已完成下單，但還沒有到貨的數量。在庫存管理中，是相當重要的資料之一。

為了避免忘記，一定要與其他人共享待交貨訂單。要是不這麼做，也許會有人沒注意到已經訂貨，結果又重複下單，一下子就變成過剩庫存。

我們無法完全預測未來的事。在前置時間較長的時候，不可否認的，可能會受到訂購負責人個人主觀想法影響。

就算有算式，如果負責人的主觀意識較強，也可能無視計算結果，以自己的想法為優先。

出現這種情形時，最大的問題在於「負責人不知道是想到什麼而訂購了這些數量」，不明白是立基於什麼假設。如果可以和公司裡其他同事共享假設的話，就能從失敗中學習、檢證，反之就做不到了。

為了提高庫存管理的準確度，我們需要建立各種假設，然後一邊驗證、一邊磨合出貼近交易狀況和商品特性的方法。為此，就必須立基於有根據的假說來判斷。

例如，「銷售額差不多要開始成長了」，這種背後沒有數據支持、僅憑感覺得出的理由，就不能納入算式中。一定要採用數據來建立假設、驗證。

不定期不定量訂貨法

如果下單時間不受限的話，就能採用不定期不定量訂貨法。除了物流業者外，製造商也可以使用這個方法，從地方據點向工廠倉庫下單。

比起定期不定量訂貨法，不定期不定量訂貨法較不受個人想法影響，因此較容易精準的管理庫存。

而且，因為隨時都可以下單，就算需求量突然增加、庫存減少，也不用慌張，只要再下單就好。反之，如果出貨量減少、庫存過多的話，不下單即可。和定期不定量訂貨法相比，這種方法讓下單負責人的壓力較小。

隨時都可下單，庫存天數由自家公司決定

執行定期不定量訂貨法，庫存量與下單的間隔相同。如果是一週訂購一次的話，可使用的就是一週分的庫存量。

如果是不定期不定量訂貨法，便不存在下單間隔。要持有幾天分的庫存，都由自家公司決定。

此時的庫存量，就不是100個或5000箱這樣的數字，而是以「3天分」或「1週分」等庫存天數來決定。

如果出貨狀況穩定，每天的出貨量，都等於以過去數據計算出的1天分平均出貨量，那麼庫存天數就和補充庫存的間隔一樣了。如果商品的庫存天數為3天分，就差不多每隔3天下單一次，以此來補充。

這樣維持最低庫存量

假設採用不定期不定量訂貨法，並把庫存換算成天數後，便可以繪成下頁圖表3-6。其中不論是縱軸還是橫軸，每個刻度都代表一天。

原則上，換算成天數後，當庫存量減少至前置時間的天數時下單，就能維持最少且必要的量了。然而實際上，因為往往想確保安全庫存量，所以下單的時機會是「安全庫存天數＋前置時間天數」（圖表中的例子則是5天）。

在最初的訂貨點訂「4天分」的量，因為庫存天數是「4天」。下單後，如果到了前置時間天數（也就是3天）後，庫存量就幾乎為零（只剩下安全庫存的狀態），此時下單的「4天分」庫存量就會補進來。

之後，等到庫存量減少至5天分為止時再下單……重複上述步驟來管理。讀者們應該會注意到，庫存天數4天和下單間隔維持一致。

如果沒出貨的日子持續，儘管庫存量會增加到9天分，但也不會繼續往上增加。只要庫存沒有減少到5天分，就不下單。

圖表 3-6：執行不定期不定量訂貨法時，庫存量的變動會影響下單時機

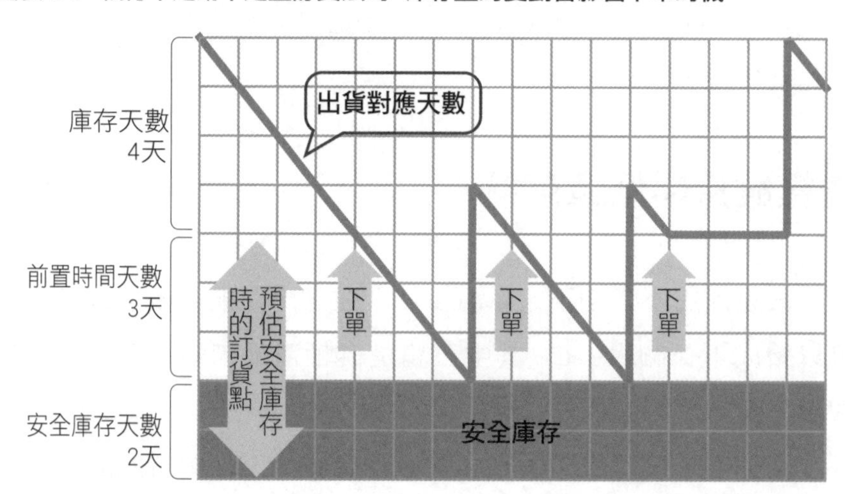

基本算式演練

在了解不定期不定量訂貨法的基本算式前，要計算該商品的下單數量，需要以下資訊：

庫存天數 4 天、交貨前置期天數 3 天、安全庫存天數 2 天

搭配圖表3-6來看，從上述資訊中，可以知道訂貨點（下單時機），是當現有庫存量變成「5天分」時。這個數字是由前置時間天數（3天）加上安全庫存天數（2天）得到的。

獲得需要的資訊後，我們接著對照圖表3-7，看看「1日」的狀況，同時確認計算方法。

首先請看圖表左邊的欄目，這些都是庫存管理必須的資料。另外別忘了，也必須把待交貨訂單納入計算之中。

圖表 3-7：實行不定期不定量訂貨法時，要注意是否達到訂貨點

		1日	2日	3日	4日	5日	6日	7日	8日	9日	10日
▼確認庫存量											
出貨量	(個)	0	80	130	100	150	60	110	160	120	70
進貨量	(個)	0	0	0	400						
庫存量	(個)	500	420	290	590						
待交貨訂單	(個)	0	400	400	0						
▼確認訂貨點											
每天平均出貨量	(個)	100	100	100	100	100	100	100	100	100	100
現有量＝庫存量＋待交貨訂單	(個)	500	820	690	590						
現有量天數	(日)	5	8.2	6.9	5.9						
▼計算下單量											
訂貨點（前置時間日＋安全在庫）	(日)	5	5	5	5	5	5	5	5	5	5
現有量天數－訂貨點	(日)	0	3.2	1.9	0.9						
下單量（需要量－現有量）	(個)	400									

下單量＝到下次補充存貨前所需要的量－目前庫存量

到下次補充為止所需要的量＝（庫存天數＋前置時間天數＋安全庫存天數）× 每天平均出貨量

現有量＝庫存量＋待交貨訂單

在「確認庫存量」的部分，請確實掌握如個數等，依據庫存單位標示的數量。

如果有出貨，要在「確認訂貨點」部分檢視是否應該下單。「1日」的現有量天數是「5天分」。跟訂貨點（5天）一樣，所以應該下單。接著，看看圖表最下面的「計算下單量」欄位。

計算下單量時，首先要看的是「現有量天數」和「訂貨點」之間的差。圖表中顯示差為「0」。

如圖表下方所示，用「到下次補充存貨前所需要的量」減去「目前庫存量」，就能得出下單量。

把「1日」的資料套進去以後，就會得出，

到下次補充存貨前所需要的量＝（4＋3＋2）×100＝900

現有量＝500

到下次補充存貨前所需要的量（900）－現有量（500）＝400＝下單量

透過計算，可以得到1日的訂購量是400個。下單400個之後，在前置時間的2日到3日這段期間，訂購量400個會被記為「待交貨訂單」。

透過上述說明，相信各位已經了解不定期不定量訂貨法的運作方式了。接著計算看看，「5日」後庫存量的變動，然後想一想，要在什麼時候、下單多少個。

答案如右頁圖表3-8所示。在5日和9日要下單。「現有量天數–訂貨點」後，之所以得到負數，是因為出貨量過多，安全庫存不夠所致。為了補足這個部分，下單量會比「1日」更多。

圖表 3-8：第 5 天以後的庫存變化（解答）

		1日	2日	3日	4日	5日	6日	7日	8日	9日	10日
▼確認庫存量											
出貨量	(個)	0	80	130	100	150	60	110	160	120	70
進貨量	(個)	0	0	0	400	0	0	0	460	0	0
庫存量	(個)	500	420	290	590	440	380	270	570	450	380
待交貨訂單	(個)	0	400	400	0	0	460	460	0	0	450
▼確認訂貨點											
每天平均出貨量	(個)	100	100	100	100	100	100	100	100	100	100
現有量=庫存量+待交貨訂單	(個)	500	820	690	590	440	840	730	570	450	830
現有量天數	(日)	5	8.2	6.9	5.9	4.4	8.4	7.3	5.7	4.5	8.3
▼計算訂購量											
訂貨點（前置時間日+安全在庫）	(日)	5	5	5	5	5	5	5	5	5	5
現有量天數－訂貨點	(日)	0	3.2	1.9	0.9	-0.6	3.4	2.3	0.7	-0.5	3.3
下單量（需要量－現有量）	(個)	400				460				450	

庫存天數和下單時機，公司自行決定

前面曾提到，庫存天數由自家公司決定，但庫存量又會如何變動？

確認下頁計算下單量的算式，可以看到庫存天數。

每天平均出貨量×庫存天數＝下單量

用這個算式算出的下單量，會在前置時間過後進貨，存貨會增加。接著再從庫存出貨，存貨隨之減少，後續再補充，就這樣不斷持續下去。

如果只想保持必要且最低庫存，庫存天數就是1天分。如果以1天分的量來經營物流中心，每到訂貨點時，就訂購一天的貨。這種做法當然可能存在，可以把庫存量降到最低。

然而，也會有公司覺得每天都要下單、收貨，實在很麻煩。如果決定「每3天訂購一次好了」，那麼該間公司的庫存天數就是3天。若是一週採購一次，那麼天數就是一週分。

庫存天數和存量，得視作業負擔而定

如果想要持有的庫存是1天分，那麼和持有5天分庫存的狀況相比，會有多大的差別？

請看右頁圖表3-9。在庫存為1天分的情況下，存量變動會呈現小型的鋸齒狀。如果是5天分，只要需求穩定，就是每隔5天下單5天分的量，如此一來，變動就會呈現較大的鋸齒狀。

圖表 3-9：庫存天數不同，平均庫存量也會隨之改變

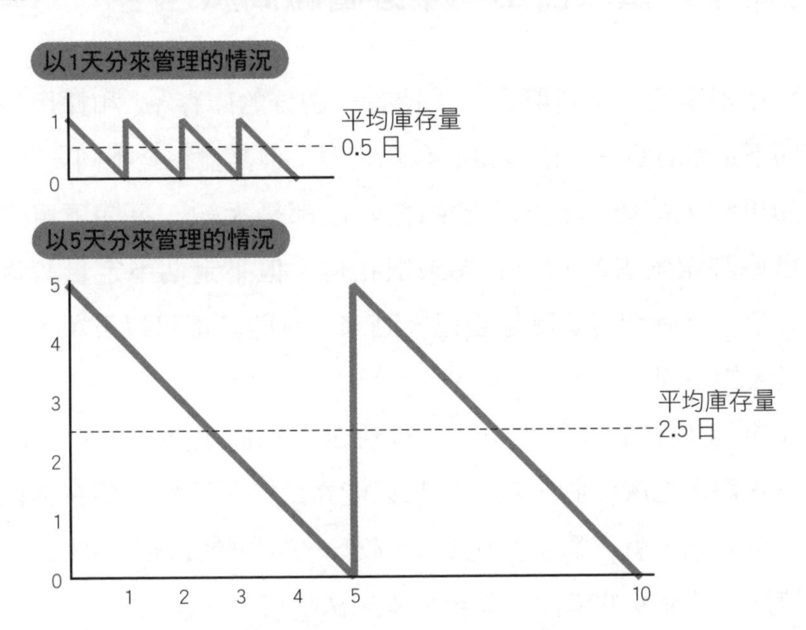

比較兩者會發現，從平均庫存量來看，差距為五倍。庫存量是1天分時，平均庫存量是0.5天分；5天分時，平均庫存量是2.5天分。

到底該以補充庫存作業的頻率、收貨作業的負擔還是平均庫存量為優先？上述這些關於管理存貨的想法，都會反映在庫存天數上。

不定期不定量較自由，不必看廠商臉色

利用不定期不定量訂貨法「持有一週分的庫存」，和採用每週定期不定量訂貨法，兩者雖然有點相似，但其實完全不同。

如果每天都會出貨，那麼兩種做法都是大約一星期下單一次，這或許讓兩者的動向看起來很相似。但不定期不定量訂貨法，必須經常確認訂貨點是否已經到來，且隨時都可以下單，是兩者最大的不同。

在定期不定量訂貨法中，一旦決定「每個星期一下單」的話，不管需求怎麼變動，基本上都只能在這一天下單。想在其他日子下單的話，就得徵求供應商的同意，完成麻煩的手續才行。很多時候基於交易的條件，甚至根本無法採行。

另一方面，採用不定期不定量訂貨法，雖然基本上也是一星期訂貨一次，但如果需求突然增加，訂貨點就會提早到來。就算通常是星期一下單，也可以調整為在前一週的星期五或是星期四下單。

反之，如果需求減少，該訂貨的時間點也會延後。但不論下單時機如何改變，都不必看供應商的臉色。

 雙箱法與三架法

採用不定期定量訂貨法的話，不需要數據資料就可以管理庫存，執行起來雖然簡單，但也有壞處。不過，這個方法還是有其優點，所以在此介紹。

雙箱法和三架法，一用完就補

不定期定量訂貨法也稱為雙箱法（Two-Bin System，也稱為雙倉法，Bin意指容器）和三架法。

這種方法是準備兩個一樣的容器來儲存，只要一個容器空了，就補充一個（下單）。例如，現在有兩個盒子，分別裝了100顆螺絲。當一個盒子裡的螺絲用完時，就下單一盒螺絲。但因為不知道螺絲什麼時候會用完，所以是「不定期」；而下單的量總是一盒，數量不變，所以是「定量」。

不定期定量採購法，無須蒐集、分析出貨與庫存狀況等數據，就可以適度下單。就算沒有系統或老練的採購負責人協助，也不太會缺貨。

三架法的機制和雙箱法大同小異，就是準備三個架子，上頭存放著相同數量的庫存，只要一個架子空了，就補充一個架子的

庫存。

缺點是不易察覺庫存過剩

雖然這種方法非常方便，只要用眼睛看就可以管理，但缺點是管理的水準會受到容器大小影響。

假設用雙箱法管理兩個各裝100個小零件的盒子，當一個盒子空了，就下單一盒，也就是100個。

然而，就算該商品平均一個月只賣出一個，也會一口氣補充100個。以銷售狀況來看，100個相當於100個月分的庫存，也就是大約8年分。相信不會有人想持有存貨這麼久。

但只要利用這類方法，經常會發生上述狀況，甚至也沒有人會注意到一次補充了8年分的庫存。因為大家都不看數據了解出貨和庫存狀況。

另外，其實也無法保證採用雙箱法管理，就不會缺貨。因為沒有人會注意一盒的庫存，相當於幾天分的出貨量，所以自然無法避免某天突然缺貨。「正因為需求會變動，才需要庫存管理」，以這一點來說，雖然得承認雙箱法在某種程度上是有效的，但不得不說這是水準較低的方式。

不定期定量訂貨法只適合想節省手續、不必每天在電腦登錄庫存量的商品，或是成本低廉、就算存貨稍多一點也無妨的品項。

縮短前置作業期

庫存管理可分為以下兩種：

❶ 努力維持「必要且最低限度的庫存量」。

❷ 努力減少「必要且最低限度的庫存量」。

先前介紹的訂貨法，對於❶是有效的。然而，如果僅靠❶，無法進一步減少存量，因此還必須執行❷才行。

為了執行❷，首先得釐清「基於什麼原因，而必須持有這麼多庫存」。有時是因為某些限制，而不得不持有大量存貨，也就是所謂的「制約條件」。

如何找出制約條件？

一般來說，在必須持維持庫存的情況下，必要且最低限度的數量為1天分。

首先，讓我們思考一下，實際上是否可以用1天分的庫存營運。如果發現有些條件是「現實中，由於〇〇情況，所以沒辦法做到」的話，請一一列舉出來。

例如進貨和生產批量。當我們向製造商下單時，有時得遵循某些條件，像是「只能以箱為單位交易」等。即便1天分只需要10個，但交易條件是按箱計算的話，一箱裡就算有50個，也只能以箱為單位進貨。

對於這類商品，無論如何努力縮減庫存，在進貨的當下，存貨立刻就會變成5天分。因此，只要不改變交易條件，這就是該商品的最小庫存量。

如果該商品的供應商，只願意每個月出貨一次的話，那麼「最小的庫存量」就會變大。如果一天的出貨量平均是10個，一個月營業30天的話，一個月就需要300個商品。如果不下單300個，就沒辦法做生意。在上述例子中，制約條件便是供貨的頻率。

消滅最大的制約條件，削減庫存才有效果

決定不得不持有多少存貨的最大因素，就是制約條件，想要減少庫存量，就得努力削減或消除。

以前面的例子來說，之所以無法減少到1天分，主要有兩個原因：

❶ 交易條件：按箱計算→庫存量是5天分。

❷ 供貨頻率：一個月一次→庫存量要備妥一個月分。

此時，如果業務負責人能交涉一下，把「按箱計算」的交易條件改為「只裝10個產品的小盒子」的話，也許訂貨時就能更為細緻。但如果不改變「一個月一次」的供貨頻率，那麼依舊無法影響必須庫存量。

由上述內容可知，對於該商品來說，最大的制約條件是❷，要減少庫存，就需要放寬限制才行。

縮短前置時間也很有效

縮短前置時間也能減少庫存。為了防止缺貨，商家需要順應前置時間，備妥出貨可能有所波動的安全庫存。但要是前置時間較長，就得預測較遠的未來需求，並為此準備。當然，預測的準確度也會降低。

要縮短前置時間，需要交易對象配合。雖然不容易，但只要掌握機會、努力縮短，最終也不吃虧。另外，還要確認對方是否嚴格遵守作為交易條件的前置時間。如果沒能遵循的話，自家公司必須確保優於交易條件的前置時間（更短），或是多備一些庫存來因應。

縮短與管理前置時間，是有效減少庫存的方法。

製造前置期，該備多少貨？

從字面上很容易誤解安全庫存的意思，一般往往會以為「只要持有這麼多數量，就可以安心」，但其實並非如此。

採用不定期不定量訂貨法時，如果需求突然增加，可以透過挪前下單的時間點或增加訂貨量來因應，以避免缺貨。然而，採用這種做法，有時在前置時間期間內，還是有可能面臨缺貨的窘境。

前置時間期間指的是，「就算想增加庫存也無計可施的時期」。不定期不定量訂貨法中的安全庫存，是為了避免在上述期間內缺貨。因為這段期間無法補貨，所以必須「買保險」。

採行定期不定量訂貨法，也需要安全庫存，但兩種對應的思維稍有不同。它不必像不定期不定量訂貨法那樣配合前置時間，定期不定量訂貨法持有安全庫存，是為了在既有商品的銷售期間內（稱為「補充期間」，如果是每週下單一次則為一週，如果是每月下單一次則為一個月），應付出貨量增加的情形。

在定期不定量訂貨法中，即使想補充庫存，也要等到下次下單，因此必須用準備好的存貨滿足需求，這段期間就是補充期間。

無論是哪一種訂貨法，都是基於過去的實績來計算出每日平均出貨量，並乘上前置時間天數或補充期間天數，以計算出必須的量，如果連續出貨超過以往的平均量，就會缺貨。安全庫存是為了避免沒貨可賣而預備的。

需求會呈現常態分布

關於安全庫存，有個算式是以某項商品的需求呈現常態分布為前提，從過去實際的出貨數據，以統計的方式推算下次的出貨狀況。

從這裡開始，會稍微詳細說明算式中的各個項目。然而在實務中，比起這個算式，採用實際數據的算式會更方便利用，已經了解的讀者也可以跳過這個部分，直接從第124頁讀起。

與平均值的差稱為「偏差」。我們可以根據過去的實際偏差，以統計的方法計算出貨量超過平均值的機率，進而得知每天的出貨偏離平均值多少。

首先，要知道出貨量偏離平均值的程度，就要利用過去的實際數據計算平均值。在計算時，如果直接把偏差相加的話，結果會是零，所以要先平方後再取平均值，然後開根號，得到的數值就是標準差（σ ＝ Sigma）。

數據如果呈現常態分布，畫出來的圖表會呈現類似富士山的形狀。當標準差較小時，看起來就像是一座山麓窄小、細長的富士山；而當標準差較大時，會呈現出山麓平緩、寬廣的富士山。

求取安全庫存的算式

不定期不定量訂貨法中，安全庫存是為了應對前置時間期間出貨的波動而持有，其算式如下：

● 不定期不定量訂貨法的安全庫存算式

安全庫存＝安全係數 × 標準差 × $\sqrt{\text{前置時間}}$

使用定期不定量訂貨法時，需要應對補充期間內所有的出貨量波動，其算式如下：

● 定期不定量訂貨法的安全庫存算式

安全庫存 ＝ 安全係數 × 標準差 × $\sqrt{\text{補充期間}}$

天數的部分，在不定期不定量訂貨法中是前置時間，而在定期不定量訂貨法中則是補充期間，其他的項目都相同。

從這兩個算式可以明白，不論是前置時間還是補充期間，都大大影響安全庫存量。另外，雖說是安全庫存，還是要以必須的最低數量為目標。縮短前置時間或補充期間，也有助於減少安全庫存。

用安全係數算出缺貨的機率

求出標準差後，好處是能以機率計算出每天的出貨量偏離平均值多少。在1σ（Sigma）的範圍內，出現下一次出貨波動數據的機率是68.2%；2σ的範圍是95.4%；3σ的話是99.9%。這些是無論採用何種平均或偏差，都能成立的數值。

因為目的是避免缺貨，不需要擔心出貨量下降的情況，因此忽略左半部分也沒關係。圖表3-10則顯示前面提到的數值的一半。所謂的安全係數，是反推這些機率，算出「要將偏差的機率降至幾%以下，需要多少σ」。

圖表 3-10：標準偏差的規則，因不必擔心需求下降，可忽略左半部

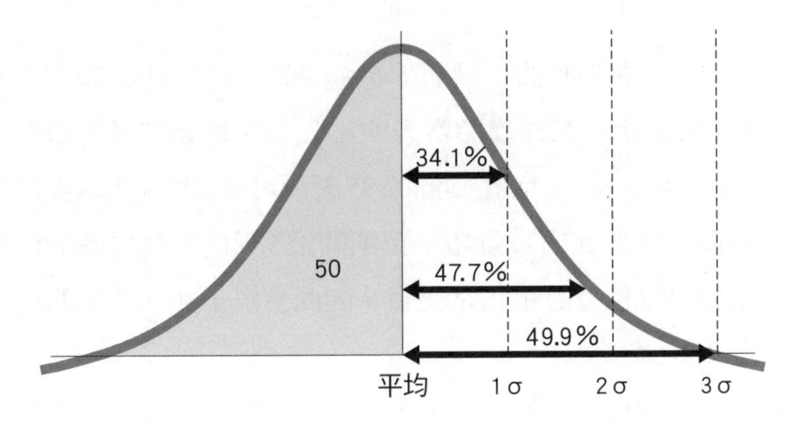

滿足率，就是出貨量超過預測的機率

「滿足率」（service rate）指的是在不缺貨的情況下，能夠滿足客戶訂單的比率。或許「缺貨率」這個詞比較親切，滿足率和缺貨率互為表裡，如果滿足率是95%，缺貨率就是5%。只要設定好其中一項，就能確定安全係數了。

下面列舉出幾個滿足率和安全係的例子。

圖表 3-11：滿足率與安全係數

缺貨率	5 %	1 %	0.1%	0.01%
滿足率	95%	99%	99.9%	99.99%
安全係數	1.64	2.33	3.08	3.62

順帶一提，當我們說「缺貨率5%」時，不代表每100次就有5次缺貨，而是指「某樣商品當天的出貨量超過預定量的日子，100天內會出現5天」，而在其餘的95天，可以100%滿足客戶的訂單。然而，就算在出貨量超乎預期的這5天內，只要商品仍有存貨，還是可以依據訂單正常出貨，因此實際上無法因應的訂單數，其實非常少。

提高滿足率會增加安全庫存，導致存量增多。對於即使偶爾缺貨也可容許的商品，便可以藉由降低滿足率來抑制庫存量。例如，把滿足率設為95%和設為99.99%時，兩者的安全庫存量會有兩倍以上的差距。

標準差大，代表出貨的波動程度大

標準差指的是，某組數據中的數字，與其平均值之間的離散程度。如果標準差大，則表示該商品的出貨情況波動較大；如果標準差較小，則表示該商品的出貨傾向趨近於平均值。

由於用電子計算機計算標準差很麻煩，因此建議讀者們可利用Excel等計算軟體。在Excel中，可以藉由如STDEV、STDEVP等函數，輕鬆計算得出。

就算商品的平均出貨量（平均值）相同，標準差也不一定一樣。下方圖表中，兩種商品的平均值相同，但商品A的標準差為較小的2.89，商品B的標準差為18.26，是前者的六倍以上。

圖表 3-12：比較商品 A 和商品 B 的標準差，兩者相差近六倍，平均值卻相同

	12月23日	12月24日	12月25日	12月26日	12月27日	平均值	標準差
商品A	50	45	50	50	55	50	2.89
商品B	80	40	20	50	60	50	18.26

計算標準差時，該採用哪一段範圍內的數據？為了準確掌握出貨傾向，應該與計算平均出貨量的期間相對應較好。

前面曾提過，如果商品要銷售一年以上，應該持續計算該商品一年以上的每日平均出貨量。至於標準差，一般認為也應該設定為相同期間較合適。

計算安全庫存

我們來計算一下前述商品A和B的安全庫存。

將滿足率分別設定為95%和99.99%，然後分別計算不定期不定量訂貨法，和定期不定量訂貨法兩種情況。

安全庫存 ＝ 安全係數 × 標準差 × √前置時間（或補充期間）

圖表 3-13：計算安全庫存的相關條件

	滿足率	標準差	訂貨法	應對時間
商品A	① 95% ② 99.99%	2.89	不定期 不定量	4日 （前置時間）
商品B	③ 95% ④ 99.99%	18.26	定期 不定量	5日 （補充期間）

以商品A為例，按不定期不定量訂貨法來管理，滿足率為95%的情況下，算式和安全庫存如下（數據可參考圖表3-11）：

1.64×2.89×√4＝9.5個（安全庫存）

接下來，請完成下面的計算。

圖表 3-14：請算出各項商品的安全庫存

	滿足率	安全係數	標準差	√天數	安全庫存
商品A）①	95%	1.64	2.89	√4	
商品A）②	99.99%	3.62	2.89	√4	
商品B）③	95%	1.64	18.26	√5	
商品B）④	99.99%	3.62	18.26	√5	

答案從上到下依序為：①9.5、②20.9、③67、④147.8

我們看一下天數。藉由「安全係數×標準差」的計算，可以得出1天分的安全庫存。要算出前置時間期間內的安全庫存時，如果前置時間是4天，為什麼不直接乘以4？大家應該注意到，算式裡的天數有一個根號，這是為什麼？

認為前置時間是4天就乘以4，這是錯誤的想法。因為庫存量要依平均值來準備，所以實際數值高於或低於平均值的機率，可以說都是50%。換句話說，不需要設定4天全都超過平均值，所以不必直接乘以天數。

在統計學中，如果我們看2天的出貨量，偏差 σ 不會變成兩倍，而是平方後得到的值——方差（變異數）會加倍。如果是4天的話，就是4倍。這個法則稱為「方差的加法定理」（Additivity of Variance）。

利用這個性質，我們可以透過求出前置時間天數的方差並對其開方，以此來估算出「前置時間天數的偏差總和」，並以此為依據得出安全庫存公式。

也有些計算方式是利用實際數據

有些人認為設定安全庫存時，因為算式納入了標準差，反而很難管理。例如，如果產品A的後續出貨大幅減少，又會發生什麼事？

圖表 3-15：商品 A 的出貨量大幅減少，標準差便暴增

	12月23日	12月24日	12月25日	12月26日	12月27日	12月28日	標準差
商品A	50	45	50	50	55	5	17.02

如圖表3-15，如果出貨量大幅下降，則標準偏差會從2.89跳升到17.02。儘管出貨量減少，但套用算式計算的話，所須的安全庫存量卻會增加到幾乎6倍之多。

這樣的變動，在現實中很難應用，於是有一些企業決定採用不納入標準差的計算方法（以下稱為「實績值適用法」），其算式如下：

- **採用不定期不定量訂貨法時**

  過去連續前置時間內的最大出貨量－同期間的平均出貨量

如果前置時間的天數是3天，就回顧過去一年的數據，計算出連續3天期間的最大數值。這樣一來，即使只有一天的出貨量攀高，但前後的日子都少於平均值的話，對庫存量的影響也會變小。正因如此，我們把前置時間視為一個整體，並與之相對應。

・採用定期不定量訂貨法時

過去連續補充期間內的最大出貨量－同期間的平均出貨量

因為是因應補貨期間需求增加，如果是週次的話，則為連續一週間的數值，如果按月次的話，則是連續一個月內的數值，並統整起來算出最大值，它與平均值的差就會當作安全庫存。

無論採用哪一種訂貨法，如果有大量出貨的切分規則（例如「超過平均值3倍以上的出貨量，不會用於計算每日平均的出貨量」），就要以該規則來調整出貨量，然後求出最大值。

這裡算出的安全庫存單位是「數量」，因此即便看每種商品的安全庫存數字，在感覺上也較難直觀理解，所以要利用每日平均出貨量換算成天數，然後再與其他人共享。

如果每一種商品都能有「幾天分的安全庫存」等相關資訊的話，對負責管理的人來說，就可以更簡便的知道「我們有正常庫存幾天，安全庫存幾天」。

用以往的數據估算前置時間內的出貨次數

假如前置時間較長，例如6個月的話，如果按照算式計算，即便開了根號，還是必須持有龐大的安全庫存。

要是產品需要頻繁出貨，並盡量避免缺貨，或許的確需要大量庫存。然而肯定也有人會想：「難道就不能再減少一點嗎？」碰到這種情況，只要試著分析過去實際的出貨資料，檢視前置時間期間中有幾天、來了多少訂單。

藉由分析過去1～3年的數據資料，順應前置期間內最大量的出貨天數和出貨量，算出該準備的安全庫存，或許會是現實中最能接受的妥協點。

第4章

庫存周轉是在轉什麼

最常見各項指標

要改善庫存狀況，首先應該掌握實際情形。在檢驗時，最常見的指標是庫存周轉率和庫存周轉月數。

上述指標不僅可以幫助掌握公司的整體狀況，還能掌握各倉庫、各類別和各項商品的情況。若能活用財務報表中的數據，還可以推敲其他公司的情形。

只是，這些指標若僅用於掌握短時間的狀況，就沒有意義了，應該將其活用在確認庫存狀況是否改善，以及是否保持良好狀態。持續掌握現狀，如果有必要就著手調整。

圖表 4-1：與庫存管理相關的指標

▼庫存指標	▼意義／計算方法
庫存周轉率	在一定期間內，庫存的周轉程度 庫存周轉率 ＝ 出貨量 ÷ 庫存數 庫存周轉率的數字越大越好。
庫存周轉月數／天數	現有庫存相當於幾個月（幾天）分 庫存周轉月數 ＝ 12 ÷ 年庫存周轉率 庫存周轉月數 ＝ 庫存數 ÷ 每月出貨量 庫存周轉天數 ＝ 庫存數 ÷ 每日出貨量

庫存「周轉」是在轉什麼？

對於不熟悉庫存的人來說，可能不懂「周轉」指的是什麼？然而，在庫存管理的領域裡，卻是相當重要的檢視要點。

為了讓讀者們更容易想像「庫存的周轉」，這裡以家庭都有的「冰箱」為例說明。

冰箱的庫存周轉，是指放在裡頭的食物是否經常進出，不被堆在冰箱裡、會流動。庫存雖然是受保管的物品，但我們不希望它停滯不動。

想了解庫存怎麼周轉，首先要知道冰箱裡的庫存有多少，以及吃掉了多少。

大家的冰箱裡是否總是有「啤酒」或「牛奶」？在此以這兩種飲品為例，請大家估計一下，一個月內平均會裝進多少瓶啤酒和牛奶，然後把這個數字作為庫存數量，填進右頁圖表4-2。在第1章登場的倉之助喜歡喝啤酒，因此他會特別注意啤酒的數量，日常的庫存量平均為4瓶。

雖然啤酒有350毫升、500毫升等不同的包裝，為了計算上方便，在此都視為相同容量。

圖表 4-2：以啤酒為例，想像庫存的周轉①

	倉之助家	你家
啤酒的平均庫存量	4 瓶	
一個月所喝的啤酒瓶數	40 瓶	
周轉次數		

另外，還需要知道「1個月的啤酒消費量」是多少。請大致統計一下到今天為止的1個月間，喝了幾瓶啤酒，然後將數字填進表中。倉之助家則是40瓶。

只要有這兩個數字，就能透過簡單的計算，了解庫存的周轉程度。把「1個月的啤酒消費量」除以「庫存量」就好。

倉之助家的情況是：

40瓶 ÷ 4瓶 = 10次周轉

透過上述計算，可以知道倉之助家「啤酒每個月周轉了10次」（見圖表4-3）。

圖表 4-3：以啤酒為例，想像庫存的周轉②

	倉之助家	你家
啤酒的平均庫存量	4 瓶	
一個月所喝的啤酒瓶數	40 瓶	
周轉次數	10 次周轉	

一般來說，庫存周轉的數字越大越好。也就是說，周轉次數越多，對庫存來說是好現象。

「周轉」越多次，商品越新鮮

假設倉之助家中，喝啤酒的量增加了，變成一個月內喝50瓶。假設這時的啤酒庫存量與現在相同，那麼周轉的算式如下：

50瓶 ÷ 4瓶 ＝ 12.5次周轉

也就是啤酒每月周轉了12.5次。因為之前是周轉10次，所以共增加了2.5次。

反之，如果啤酒的消費量減少了，比如一個月只喝4瓶，而冰箱中平均也是4瓶的話，算式如下：

4瓶 ÷ 4瓶 ＝ 1次周轉

這意味著啤酒「每月只周轉一次」，也就是每個月平均消耗完一次庫存。根據採購方式，你可能正在喝一個月前買的啤酒。

人們通常希望喝到新鮮的啤酒，所以這稱不上是理想的狀態。我們應該追求的是持續出貨的「高周轉」狀態，這也意味著更好的新鮮度。

各位想必已經了解，消費量越大，周轉的情況就越好。但即使消費量不變，只減少庫存量，還是可以改善周轉情況。

在此試著計算一下，假設啤酒的消費量同樣是40瓶，但冰箱中只有2瓶啤酒時，會怎麼樣？相反的，冰箱裡的啤酒如果一口氣增加到8瓶時，又會如何？

消費量40瓶 ÷ 庫存量2瓶 ＝ 20次周轉

消費量40瓶 ÷ 庫存量8瓶 ＝ 5次周轉

由此可以看出，就算消費量相同，但冰箱的啤酒庫存量減少的話，周轉次數就會增加；相對的，如果啤酒庫存量增加，周轉次數就會減少。

「周轉」會根據消費量和庫存量而改變。請大家想像一下，這時會發生什麼變化？

為什麼高庫存周轉比較好？反之，如果減少了，又會發生什麼不好的狀況？接下來，將列出高周轉和低周轉帶來的改變，請試著在圖表4-4，把你認為相關的項目，用線連起來。

圖表 4-4：周轉與庫存的關係

如果周轉減少 ●

如果周轉增加 ●

- 庫存量增加
- 金錢暫時變多
- 占庫存空間
- 新鮮度下降
- 恐怕會滯銷

右邊的五個項目，其實都與「周轉會減少」有關。為什麼？這裡繼續以啤酒為例來詳細解說。

當一個月的啤酒消費量為40瓶，庫存量為2瓶時，周轉次數為20次；而在庫存量為8瓶時，周轉次數則為5次。我們來看看這兩種情況的差異。

一個月以30天來計算，平均每天所喝的啤酒為：

40瓶 ÷ 30天 ＝ 1.3瓶。

若每天的啤酒庫存量始終為2瓶的話，則每天都要補充1～2瓶啤酒，也就是消費1～2瓶啤酒。由此可以知道：

❶即使在補充庫存時，冰箱裡最多也只有4瓶啤酒。

❷因為每次只購買1～2瓶啤酒，所以需要的資金較少。

❸庫存量少，不占空間。

❹隨時能喝到新鮮的啤酒。

❺就算不想喝啤酒了，浪費的也只有冰箱裡的量（最多4瓶）而已。

即便只從「隨時能喝到新鮮啤酒」這點來看，對於喜歡喝酒的人來說，也能理解周轉率高的好處。然而，稍稍讓人在意的是必須「每天補充」，這會增加購物者的負擔，所以也得考慮出門採購的麻煩和成本。

庫存周轉差，代表商品滯留時間長

如果啤酒的庫存量是8瓶時，會是什麼狀況。啤酒除了可以單瓶購買外，也販售一手6瓶的包裝。對平均有8瓶庫存量的家庭來說，想必會較常購買6瓶裝的啤酒，而不是單瓶購買。

如果冰箱中已經有8瓶啤酒，此時如果購買6瓶裝的話，冰箱裡的庫存量會增加到14瓶，得占用相當多的空間。

因為倉之助家平均每天只喝1～2瓶啤酒，如果有14瓶的話，至少需要1週以上才能喝完。從新鮮度來看，與高周轉相比算是差了一點。

另外，啤酒也有可能喝不完，例如或許會覺得「天氣突然變冷了，不想喝啤酒」或「厭倦喝啤酒了」。

這時，如果有大量舊啤酒的庫存，可能就會喝剩、長時間留在冰箱裡。在庫存管理中，這稱為「不良庫存」或「不動庫存」，十分危險。

只要庫存周轉良好，就不太可能持有這類危險庫存。如果發生變化時，也比較容易應對。在公司中，因為都會大規模的調度商品，所以周轉情況的好壞，會大大影響經營狀況和倉庫的倉儲狀況。

庫存分布圖，缺失一目瞭然

只要利用簡單的計算來製作圖表，就可以一眼釐清庫存管理狀況。而且因為容易取得必要數據，大家可以試著用自家公司的資料來製作圖表。

這種方法可以分別計算每一種庫存項目，既可以是整間公司的庫存，也可以是依類別區分的部分商品存貨。

數據中，如果每種商品還區分成不同顏色、尺寸的話，就要分別掌握。雖然會按商品別或庫存單位（SKU）別而有不同稱呼，但本書使用「項目」（Item）一詞來統稱。計算所須的數據如下，以每個倉庫為對象來計算會比較容易理解。

❶各項目的每月出貨天數

依據每個庫存項目，計算一個月內的出貨天數。

❷各項目的每月出貨量

計算每個項目在一個月內的總出貨量，然後用這個數值除以❶的月出貨天數，就可以得到「每日平均出貨量（A）」。

❷/❶＝每日平均出貨量（得出的數字設為A）

❸各項目的平均庫存量

調查各項目的平均庫存量，然後除以前面提到的A數值，得到的就是「出貨對應天數」。如果不容易計算平均庫存量的話，也可以使用月底的庫存量。

接著以這些數字為基礎，以出貨對應天數為縱軸，以❶的出貨天數為橫軸繪製圖表。

下頁圖表4-5便是根據上述數據繪製的，顯示的是某食品製造商的實際情況，地點是多個物流中心的其中一家。

圖表的閱讀方法如下：

- 每個點代表一種商品。
- 橫軸是出貨天數。越靠近圖表右邊，代表出貨得越頻繁。
- 縱軸是出貨對應天數。越靠近圖表上方，表示與出貨狀況相比，庫存量較多。

接下來，各位覺得這個物流中心的庫存管理，正處於什麼樣的狀況？

從圖表看出庫存管理的缺失

首先，從圖中黑點的分散程度，可以判斷該物流中心的庫存管理不理想。管理如果得當，點應該會集中在我們期望達到的水準，呈帶狀分布。從這張庫存分布圖中，我們可以判讀出以下幾個問題：

● 明明是為了出貨給顧客而設立物流中心，但有許多商品一個月只出貨1～2天（很少商品能每天出貨）。

● 許多商品不僅出貨對應天數大（量多），而且出貨天數少（由於有保存期限，某些商品最終可能被丟棄）。

● 這張圖表中，狀況最糟糕的商品，是在圖表左端、最上面的點。該商品「出貨對應天數100天，出貨天數1天」，代表儘管一個月只出貨1天，卻有100天分的庫存。如果持續目前的銷售情況，今後得持有該商品100個月。

圖表4-5：某個物流中心的庫存分布圖

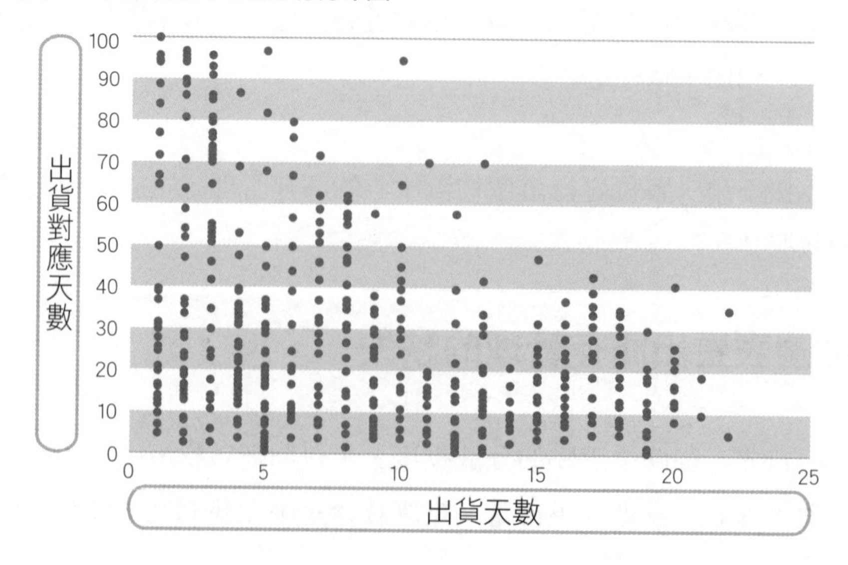

另外，還有個問題並未顯示在這張分布圖中，就是所有庫存商品中，竟然有40%，在1個月內完全沒出貨。

這個物流中心的庫存量，以整體來計算的話，約為1個月分。然而，只要看庫存分布圖就知道，如果一件一件檢視商品，就會發現許多問題。如果只是將所有庫存加總，然後判斷「因為有平均幾天的庫存，沒問題」，其實相當危險。原因在於平均值會抵消一件件商品的過剩庫存和缺貨，掩蓋問題。

如果要改善這個物流中心，首先要做的是處理過剩庫存。

圖表上方，特別是左上方的商品，它們的出貨天數少，庫存卻過多。如果放任不管，很有可能會滯留在倉庫裡，因此需要毫無遺漏的逐一檢查，並採取適當的措施。對於銷售速度較慢的商品，可以在出貨完全停頓之前，透過降價等方式努力賣完。

相反的，也必須檢查圖表下方、出貨對應天數從零到短短幾天的商品是否缺貨。如果發現短缺的話，必須趕快增加存量。

「整理整頓」很重要，沒在動的就移走

庫存管理的問題，有時也會影響工作效率。設置物流中心的目的是為了出貨給客戶，應將工作效率視為最優先。

為了提高效率，重點是不堆放多餘的東西，這也代表必須妥善「整理、整頓」第一線的環境。

首先要做的，是把未顯示在圖表中，近一個月內完全沒出貨

的商品撤回工廠倉庫。其中有些商品或許不須送回，而是該直接廢棄。

位於圖表左側、出貨天數少的項目，其實也沒必要堆放在物流中心。可以考慮建立一套機制，直接撤回工廠倉庫，等客戶下單後再直接發貨。整理庫存後，分布圖如圖表4-6所示。

圖表 4-6：重新調整庫存後的庫存分布圖

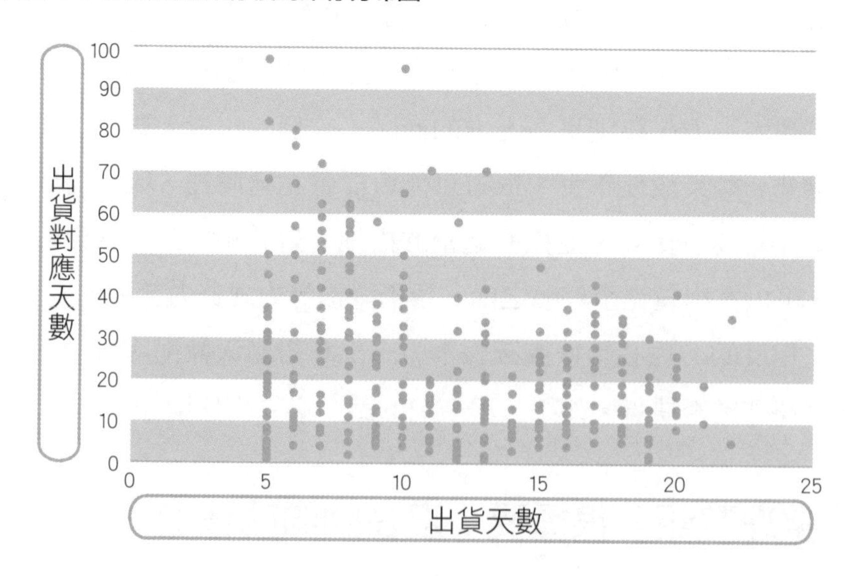

至於物流中心應該存放哪些商品，也需要一定程度的自動化規則。例如，可以設定：「如果某樣商品，一個月內的出貨天數少於5天的話，就移出物流中心。」若是能實行這個基準，前面的圖表就會有很大的變化。

如此一來，物流中心就不會囤積長久未出貨的產品，不良庫存也不會再占據貨架。

另外，減少庫存項目還能提高保管效率，進而減少作業時無謂的走動時間。項目減少後，接下來要提高庫存的周轉。在圖表右側、出貨天數多的項目中，也有一些商品的出貨對應天數比較多。

零星散布在庫存分布圖右上方的商品，狀態有些危險。這些商品只要出貨速度趨緩，就可能變成過剩庫存。

分布圖呈帶狀，代表管理得當

為此，還要設定另一個基準，例如：「該物流中心存放10天分的庫存。」如此一來，就能進一步縮減存貨，圖表將會轉變成如下頁圖表4-7。

當倉庫裡只放必要的項目後，就能改善庫存的周轉，成為新陳代謝良好的物流中心。

庫存分布圖有各種應用方法。如果企業擁有多個物流中心，可依不同中心製作分布圖並相互比較，效果也很好。

如果所有分布圖的點都呈分散狀態，表示根本沒有做好庫存管理，需要立刻改善。如果某個中心的管理狀態明顯較好，也許可以將其作為指標，當作公司管理規則的範本。

圖表 4-7：經過進一步改善後的庫存分布圖

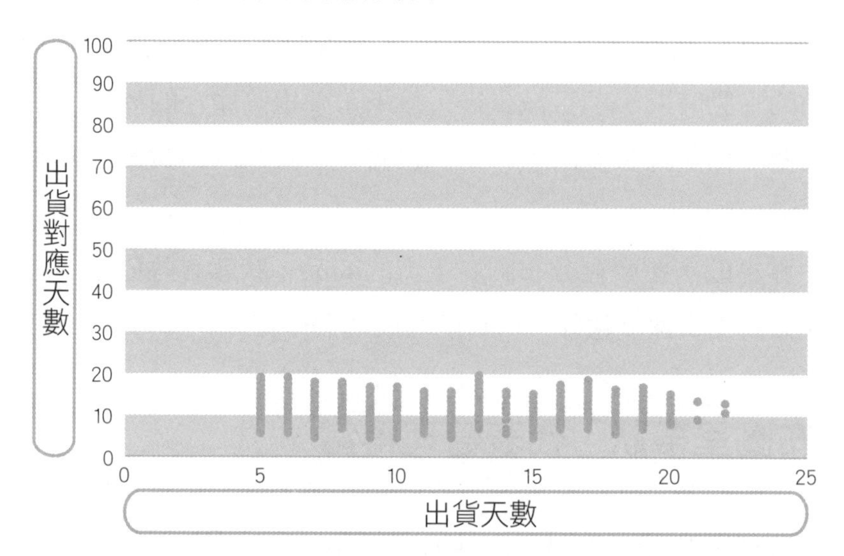

那麼該如何看出管理得好或不好？如果分布圖的點在某處集中成帶狀，就證明該據點明確設定管理目標，並一一實行。如果發現問題，就該傾聽庫存管理負責人的心聲，找出管理方法的差異。

想管理好庫存，首先要建立管理規則，還需要建構系統來執行。具體來說，管理規則就是第3章所說明的算式。此外，確認各物流中心有幾天分的庫存與安全庫存，以及是否已確認並遵守前置時間，也十分重要。

如果無法藉由過往數據來確認，例如推出新產品時，由於沒有以往的資料，很難預測需求，這時該怎麼辦？解決方法是，如果以前曾有相似的商品，就可以將其作為參考，以此決策。

此外，還需要一個系統，來掌握缺貨和過剩庫存情況。首先，每家公司都必須定義何謂缺貨和過剩庫存，通常會定義缺貨為儘管客戶下單，但由於沒有庫存而無法出貨的天數（或數量）。

至於庫存怎樣才算是過剩，會依公司和商品類別不同而有很大的差異，但重點在於是否設定基準。

與庫存量相關的部門，不只有倉管而已

即使確立了庫存管理的相關規則，還必須有部門能正確、有效的控管。

能夠控管的，就是「會產生庫存的部門」，例如負責採購和生產的單位。另外，還包括決定客戶進貨條件的人員。如果公司根據銷售計畫決定生產量，那麼擬定銷售計畫的單位也必須包含在內。

採購、調度與生產、業務部門等，都是會產生庫存的部門。

如果這些部門並未意識到自己的行動會產生庫存，而且不常掌握存量，甚至沒有承擔責任的機制，最終就會形成「庫存無責任制」。

儘管一般來說，採購單價和生產單價，也是評估考核的對象，但對於一次性大量採購和生產造成的庫存，就算之後積累了大量滯銷品，也沒有多少公司會追究責任，並防止這類事情再度發生。

由於庫存問題通常日後才會顯現出來，往往容易錯過追究責任的時機。但即使如此，還是應該在產生庫存的行為當下，嚴格貫徹管理原則，以採取最佳行動。

四種波動，怎麼應對？

波動指的是出貨量的變動。如果需求都不會變，庫存管理便十分簡單，然而出多少貨可不是每次都能隨管理人員的意，還是必須設法應對。出貨量的波動可分為以下四類：

❶常規波動。
❷季節性波動。
❸促銷波動。
❹人為波動。

用算式來應對

常規波動，顧名思義是指平時出貨量的變動。出貨量本就不固定，會不斷變化，此時可用第3章介紹的算式來因應。

採取不定期不定量訂貨法時，如果遇到需求增加，便計算應該提前下單的時間或增加採購量，以防止缺貨。另外還可備妥安全庫存，以免就算提前下單了，庫存還是不夠。

如果是採用定期不定量訂貨法，雖然無法縮短前置時間，但可參照過去的銷售業績預備安全庫存，以應對出貨增加的波動。

至於出貨減少的波動，倒不必特別採取措施應對。只要延後算式裡的下單時間，或減少訂貨量，就可以抑制過剩。

季節性波動靠過去的銷售成績來推估

季節性波動也可以用算式應對。只要商品具有相同特性，通常會出現類似的銷售趨勢，我們可以將這些商品視為一個群組，以掌握「季節指數」。單獨檢視個別商品，可能比較難掌握整體趨勢，因此應該用分類的方式，以數個商品群來逐一確認實際銷售的情況。

即使是新產品，只要以前曾有同類型的商品，就可以參考過去的銷售傾向，推估新產品的業績。以結果來說，雖稱不上是正確答案，但當下也沒有其他更好的參考數據，這是所能採取的最佳行動。

執行定期不定量訂貨法時，可以把每日平均出貨量乘以季節指數，算出下單量。如圖表4-8，如果在炎熱的夏季，某項商品的需求量會比平均值增加20%左右，就可以考慮以下做法。

圖表 4-8：夏季時需求增加的商品，可利用季節指數推估下單量

	1月	2月	3月	4月	5月	6月	7月	8月	9月	10月	11月	12月
季節指數					1.1	1.1	1.2	1.2	1.1	1.1		
每日平均出貨量	100	100	100	100	110	110	120	120	110	110	100	100

把每日平均出貨量乘以季節指數，來增加訂貨量。之所以把5月和6月的季節指數設為「1.1」，是為了應對與氣溫連動導致需求增加的情況，並避免算式因為過度反應，導致暫時性的大量下單。

從創造波動的業務部門獲取資訊

促銷波動是指，因特賣或廣告等促銷活動而產生的需求波動。由於促銷的目的是創造未來的需求，因此無法仰賴算式，由過去銷售成績推算需求量。

應對這類波動，必須由人來估計需求量，並計算下單量。因此，必須與推行促銷活動的業務部門交流資訊。

庫存部門需要於事前，與業務共享活動的舉辦時間、期間和區域範圍，然後預估庫存量。預估的數值將會視舉辦活動的業務部門，想要把銷售額擴大到什麼程度為基礎。

儘管可能會因公司的內部壓力，把銷售計畫設定得比預期還「樂觀」。但依舊能從過去的業績判斷，可以相信銷售計畫到什麼程度並採取行動。

如果促銷特賣後總是有過剩庫存，則應重新檢討是否不該僅根據銷售計畫來準備存貨，並利用過去的數據，評估真正所須的庫存量。

人員可以活用以往的資料來推估，例如過去類似的促銷活動增加了多少需求，應該準備多少庫存等。當然，活動後留下多少剩餘，也可以作為日後檢討的數據保留起來。

折扣率也會影響商品銷售。有些公司甚至會記錄策劃促銷活動的負責人姓名：「某甲的銷售預測總是很樂觀。」這種資訊也能發揮作用。如果能從中發現像「某乙的銷售預測相當準確」等，可說是相當幸運。

為什麼他能準確預測？是根據哪些資訊預測的？或許可以詳細的傾聽，找出有益的算式或原則。

因為不容易從過去的業績，準確判讀促銷帶來的需求增長，所以藉由定期不定量或不定期不定量等方法準備的庫存，應視為「常規銷售用」。而用於促銷活動的庫存，應該與常規銷售用的分開、另外準備。

如果促銷活動不成功、導致庫存剩餘，首先應分析箇中原因，並在下一次促銷時，記取教訓。但如果是因預測錯誤而過剩的話，則應在常規庫存之外，另外評估活動所須的數量才行。

也就是說，常規庫存的評估與訂貨規則有關，而促銷活動不成功導致剩餘過多，則與規則無關，而是關乎活動本身，也就是業務部門。

人為波動最不受歡迎，只是為了衝業績

人為波動，是指人為因素造成的需求波動，與實際需求無

關，因此應該努力排除。具體來說，這種波動包含月底、月初，或是季末的出貨異常增加。

在上述時間點，如果是因為消費者確實喜愛該商品，而必須供應的話倒是還好。但實際情況往往並非如此。

某家製造商在月底或季末時，牙膏的出貨量就會增加，但消費者不可能會特別在月底增加刷牙的次數。

也就是說，月底出貨量增加，可能是批發商或製造商舉行促銷活動造成的。他們希望消費者能「抓準時機，提早購買日常必備用品」、「被促銷活動刺激，買好買滿」。這無疑是為了確保本月的銷售業績。

最糟糕的是以下促銷方式：過了這個月（季度）後可以退貨，請趕快來買。然而一旦出貨，庫存就會減少，公司便會下單補充。如果上個月或上一季才剛跨過，就立刻有退貨的話，瞬間就會變成過剩庫存。

人為波動，就以考評來預防

前述的人為波動，可以透過人為方式預防，只要公司不單以業績來評估銷售活動成效即可。

員工的行為，可以藉由績效評估指標改變。如果評估的基準是銷售額，他們就會努力拉高營業收入。但如果是以退貨率來評價的話，就會努力降低退貨率，來提高考績。

因此，如果你的公司裡也有類似的人為波動出現的話，就應該改變績效評估制度，以消除這些行為。

例如，有些公司不再單憑營業收入評價員工，也把退貨率納入績效評估項目中。另外，還有製造商也把批發商的銷售狀況納入員工考評。這麼一來，就不必下單訂不想批發、銷售的商品，上游廠商也不必再為了灌水拚業績而出貨了。

哪些存貨不必留？

到此為止，已經說明改善庫存該了解的內容。而分類庫存，可說是改善庫存狀態的第一步。對於庫存管理完善的公司來說，不需要再分類庫存。或者應該說，他們應該已經確實分類了，這是必然的現象。

分類是庫存管理的基本行動之一，目的是為了把商品項目限縮至最少。

首先，要逐一檢視每項商品，確認「這個商品真的需要留存貨嗎」、「是不是可以清掉」。接下來就要討論，是否不再持有多餘的商品存貨。

哪一種商品，沒庫存也無妨？

不必持有庫存的商品，可分為兩種模式。

其一是「接單生產」，或是在接到訂單後才採購並交貨的「受訂後下單」商品。另一種，是目前雖然作為庫存品來管理，但因為出貨量減少，所以考慮轉為接單生產。

無論是哪一種情況，關鍵都是答應客戶的交貨期限。也就是說，如果接到訂單後才準備，而且還能趕上交期的話，便不須保留存貨；但如果趕不上的話，則必須持有。

如果出貨量減少，考慮轉為接單生產，可能就得變更約定的交貨期。在比較過繼續持有庫存的成本和風險，以及延長交貨期限後可能損失的銷售額和風險後，做出經營上的決策。

順帶一提，其實有很多情況是即使轉為接單生產，還是依舊持有庫存，原因與交貨期有關，「接到訂單後才準備生產的話，可能會來不及交貨，所以為了不給客戶添麻煩，才要預留存貨」。

分類的標準——出貨少的清掉

其實分類的標準很簡單，就是出貨量少的商品不留。另外，出貨頻率低的商品，同樣要列為檢討的對象。

建議可以從每個月的出貨量和出貨次數，考慮是否應該留庫存。例如，公司可以用數字來設定基準：「每月平均出貨量少於5箱，或出貨次數一個月不到1次的商品，不再留有存貨。」

要妥善分類庫存，就得篩選出符合基準的商品，定期檢視是否應該將其排除在留存對象之外。由於出貨量和出貨頻率會變動，各行業的情況也不盡相同，有時會在半年內大幅替換庫存商品。即使是整頓得宜的物流中心，也有不少未設立篩選機制，以定期並持續分類。

這類物流中心的共同點是，庫存項目非常多。有時候一個月內根本沒出貨過的商品，卻占了所有庫存的20%到30%。

整理和整頓不能僅止於擺放整齊，還須比對出貨狀況才行。

出貨量少的商品，怎麼處理？

建議可透過以下三種方式，處理被分類的商品：

❶仍留有庫存，並持續觀察銷售情況。
❷將其改為接單生產（接單後進貨的商品、無庫存商品），不持有庫存，有訂單才生產（採購）。
❸停止生產（停止接單），賣完現有庫存之後，就不再接受訂單。

將列舉的商品從❶過渡到❷，然後到❸，是較妥當的方式。公司可以制定規定，例如當某商品第一次被列為分類對象時，先分到❶，第二次為❷，第三次為❸。

雖然分類是庫存管理中必不可少的作業，但執行時還須考慮不可妨礙到銷售。當某商品轉為接單生產時，必須得到現有客戶的理解，並告知交貨期將會拉長，無法和其他商品以相同的條件交貨。

如果公司有其他類似的商品，可以引導客戶轉而購買，這樣對彼此都是最佳的解決方式。

分類必須以數字為基礎

變更處理商品的規則時，除了要以數字為基礎，某種程度上還得具備一定的機械式強制力，否則很難實行。如果是因為模糊的理由，如「各品項都必須留庫存」而繼續堆在倉庫的話，就無法縮減。

如果不分類的話，會發生什麼狀況？最後新商品會不斷增加，處理項目的數量只增不減。其實，許多公司都曾經歷過這類狀況。

於是，曾有某間製造商制定規則，依類別限定商品項目的上限數量。原則是當新商品問世時，就要把相同數量的既有商品移出庫存之外。為了遵守這個規則，就必須定期妥善分類，才是挑選移出商品的具體對策。

一般來說，想開發、處理新商品的需求往往十分強烈。然而，當處理的項目越來越多，庫存管理的手續也會增加，如此一來，反而會拉低管理的水準，還會導致缺貨和過剩庫存，降低利潤率。因此，還是必須以數字為基礎制定規則，藉此防止項目胡亂暴增。

「金牛」要維持庫存量，賣不動的快出清

分類商品後，被判定為「應留庫存」的品項，將依據設定的

管理規則，透過算式計算所須的數量，並持續補充。

這類商品大都相當於產品組合管理分析（按：Product Portfolio Management，簡稱PPM分析）中的「金牛」（cash cow），應該維持最低限度的庫存，以避免缺貨或存貨過剩，才能穩定的賺取利潤。

圖表 4-9：應該穩定維持「金牛」的庫存量

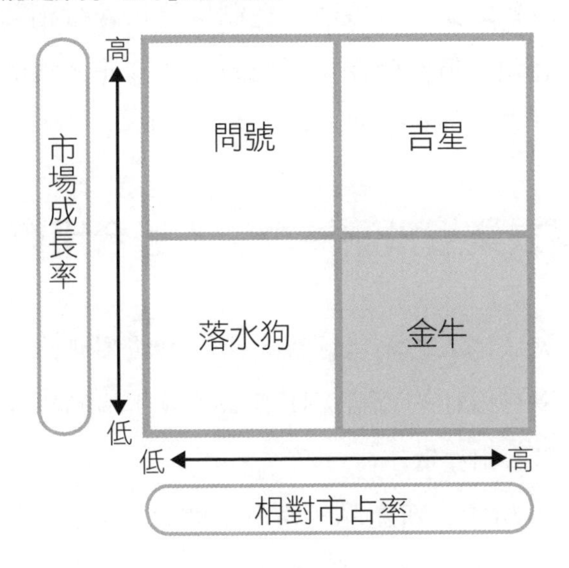

商品如果出貨量減少、轉為接單生產，因為不知道何時會滯銷，應該要設法盡快出清。

我曾聽很多公司說：「如果商品沒辦法再創造業績，努力推銷根本是浪費力氣。」正因如此，在完全滯銷之前，就要透過促銷、降價等手段，努力賣掉剩餘庫存。

但要留意，即使促銷活動增加了出貨量，也不應該再補貨。我這麼說不是在開玩笑，而是實際聽到許多公司都曾發生類似的失敗案例，所以請注意別重蹈覆轍。

即便決定不再販售某項商品，可能還是有剩餘庫存。要注意的是，就算到了該下單的時間點，也不要下單。

如果公司引進庫存管理系統或下單支援系統，而且還設定了自動計算和訂貨的話，就須建立機制以停止執行相關流程。手動操作自然沒問題，但要確保可以及時停止補充。當決定下架某項商品後，庫存卻反而增加，真的會讓人很無奈。

無法從過去業績預測需求，不適合用算式管理

新產品欠缺過去的銷售紀錄，所以無法預測需求，也不容易管理存貨。沒有以往的資料，便無法計算所須的庫存量，必須靠人為判斷下單量和存量才行。

在PPM分析中，新產品相當於「問號」，除了有可能成長為吉星或金牛，也可能淪落為落水狗。

有一種悲劇很常見，就是推出新產品時準備的庫存，最後幾乎滯銷。我們可以藉由縮減庫存品，讓管理更省事，也能使倉管人員更妥善的分配作業時間，更謹慎的管理。

圖表 4-10：新產品是擁有可能性的「問號」商品，注意別淪為落水狗

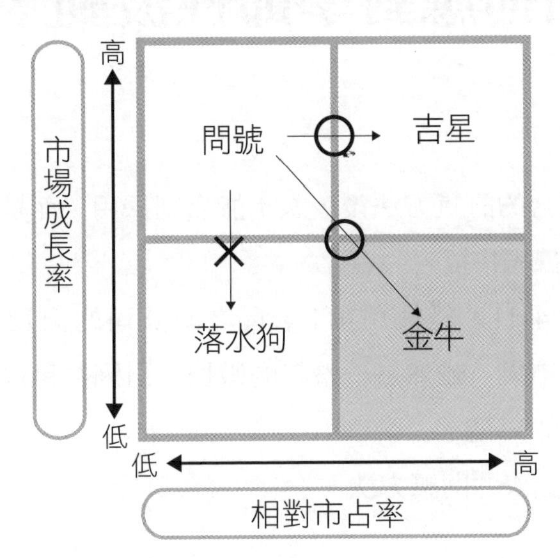

如何應對季節性波動？

決定了適合的訂貨方法後，還不能立刻採用，而是要用過去一年以上的數據先模擬。

右頁圖表4-11，是使用第1章倉之助公司的出貨和庫存數據，所模擬的結果。雖然是一整年的數據，但因為是以週為單位來統整，所以是52週。

首先說明圖表的閱讀方法。

- 深灰色折線圖：實際庫存量。
- 淺灰色折線圖：根據算式模擬的補充庫存量。
- 點狀細折線圖：每週的平均出貨量。
- 柱狀圖：實際出貨量（以週為單位）。
- 灰色點：模擬的庫存訂貨量。

我們一起看看這張圖表中，模擬時要確認哪些地方。

圖表 4-11：倉之助公司的庫存模擬（商品 Z）

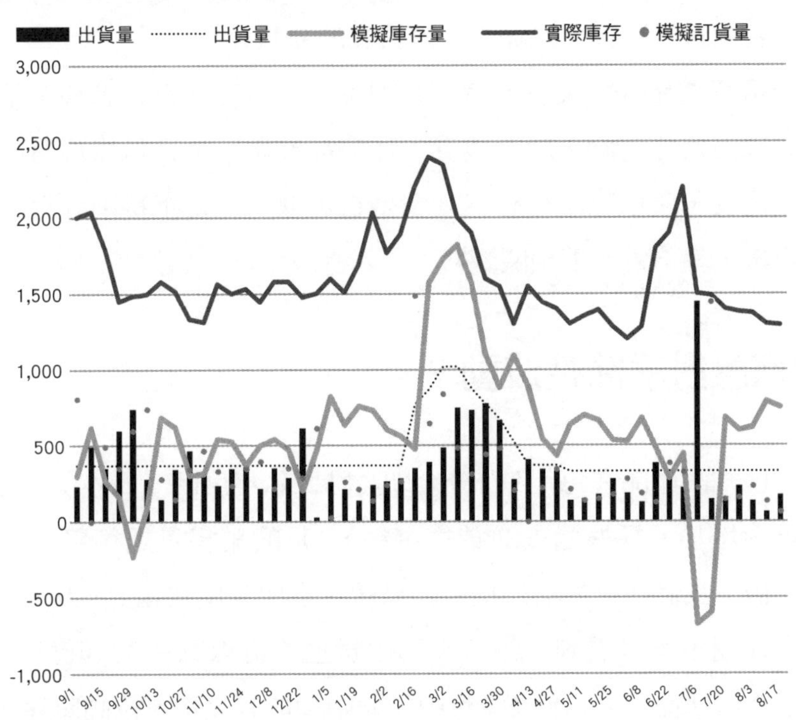

確認庫存量、缺貨次數的增減，人為調整

最重要的是，我們可以藉由比較折線圖，輕鬆了解「交給系統，是否真的可以減少庫存量」。淺灰色折線圖的量，幾乎一直維持在較低的數值，顯示系統能控制該項產品的存量。

另一方面，雖然擔心壓低存量可能導致缺貨，但模擬中只出現了兩次缺貨狀況（就是淺灰色折線圖低於0的地方）。

雖然模擬時發生缺貨的情形，但必須注意狀況的評估。因為很難藉由資料掌握「實際上」是否真的缺貨。

這個產品其實沒有缺貨，原因可能與庫存負責人調整了下單量，因而避免有關。就算負責人什麼都沒做，也只是以現有的庫存來出貨，所以無法從圖表判讀是否短缺。只要不特別計算缺貨的次數，就不會留下相關資料。

如何應對季節性波動？

已知該產品在每年3月分、即將進入新年度時（日本），需求量就會增加。根據過去的銷售資料，3月的銷售量是年平均的兩到三倍。我們把這些信息提供給系統，也使其反映在算式中。

從圖中可以看到，每週平均出貨量的折線圖在3月時變高。為了有所準備，人員便從2月中旬開始增加訂貨量、拉高庫存。

但實際上，從1月左右開始存量就開始增加，且增加的幅度似乎超過了預期安全量。

模擬的其中一次缺貨，與7月的大量出貨有關。當時出貨了近1,500個，但當時的每週平均出貨量只有稍微多於300個而已，也就是說，7月的出貨量幾乎是平時的5倍，這無法藉由過去的銷售成績預測。

但實際究竟如何，可以看到在3週前，公司增加了大量庫存，應該是已獲得大量出貨的資訊並以此回應。雖然這麼一來避免了缺貨，但之後因為又進貨，造成庫存增加。雖然不知道是否是預測失準，但遺憾的是，之後的存量便一直居高不下。

決定大量出貨的上限

其實，必須預先決定系統能應對多麼大量的出貨才行。在這個例子中，如果讓系統自動因應出貨量超出平均五倍的狀況，系統會認為平時就該持有大量庫存，但這與現實不符。

所有產品都必須從過去的銷售成績掌握趨勢，然後以此決定系統可以對應到平均幾倍的出貨量。例如，統計一下每年共出現幾次超過平均值兩倍的出貨，以及事前如果未收到資訊而缺貨的話，是否可以承受。如果不允許，就得維持足以因應的庫存量。

通常情況下，可以將平均的兩倍、最多三倍左右，作為參考的標準。如果有某些產品絕對不能缺貨的話，則應該考慮為這些產品預留更多庫存。

對於這一點，公司必須每半年或一年重新檢討一次。

缺貨和過剩，怎麼預防？

缺貨和庫存過剩通常會同時發生，因為這些都是管理失敗的產物。

如果不多加留意，有時甚至根本沒注意到它們發生。因此平時應該妥善掌握庫存資料，一旦遇到就要立即處理。當然，別發生這類事情才是應有的態度。

首先，必須先確定，什麼樣的狀態才算缺貨。

在庫存管理系統中，零庫存是最容易理解的缺貨事例。還有一種狀況是當業務收到客戶的訂單、確認庫存量時，發現數量不夠，這也算缺貨。但是為了出貨給客戶，業務會調整下單數量。

所以，即使監控了庫存管理系統，很多時候系統還是無法將這種狀況判定為缺貨。此時應該弄清楚，自家公司的庫存管理系統如何定義「商品短缺」，以及如何統計。

就算系統無法掌握，但只要是必須的資訊，人員就要思考該如何蒐集。

缺貨發生時，都有這些模式

掌握缺貨情況，是為了分析何時會發生，並避免再度出現。

在多數情況下，缺貨會在以下狀況產生：

❶某次的出貨量遠遠超過平均量。

❷持續發生出貨量略高於平均量的情況。

❸剛好在庫存減少時，來了數量稍多的訂單。

靈活運用安全庫存，可以防止上述情況。建議各位以基於實際數據的「〇天分」來持有安全庫存，並以過去的銷售數據模擬，須持有多少數量才能避免缺貨。儘管以往的銷售傾向不一定會重複出現，但還是可以參考。

可容忍缺貨到什麼程度，不一定都得備齊

由於是否缺貨，取決於收到多少訂單，因此無法精準預測。如果要維持安全庫存，以確保絕對不會短缺，就得持有相當數量的存貨才行。

運用統計的方式計算安全庫存，可以預測缺貨的發生機率，所以大家不妨利用這個方法，試算一下庫存會怎麼變動（有關安全庫存的算法，已在第3章第10節詳細說明）。

從本質上來說，「確保所有商品都不缺貨」，這樣的管理不符合現實。如果連很少出貨的商品，採取的方針都是「絕對不能缺」，而持有安全庫存的話，會造成總量不斷膨脹。而且其中大

多數商品最後依舊賣不完，淪為不良庫存，最終只能報廢。

另一方面，若是完全未制定方針而導致缺貨，倉管負責人可能會被追究責任。為了避免這種情況，不妨使用前面提到的滿足率來制定標準，以確認各種商品可容忍的缺貨程度。

此外，對於出貨頻率低和出貨量少的商品，也需要基於一定水準，制定容忍缺貨的規則。因為這些商品的庫存量原本就少，所以只要需求稍微增加，就很可能短缺。

庫存多，不一定都過剩

首先得定義怎樣才算過剩庫存。相信各位已經知道，即便持有大量存貨，也不一定都是過剩。第3章已經說明適當庫存的定義。現實中，如果基於某些制約條件，某樣商品不得不持有特定的庫存量，那麼只要在其範圍內，都可視為適當庫存。若是超過了範圍，才算是過剩。

在沒有制約條件的情況下，庫存量就必須與出貨量相互對比驗證。最簡單的方法，是與補充間隔對照（如圖表4-12）。拿當下的存量與現在的出貨量比較，看看相當於幾天分？

圖表 4-12：以補充間隔為基礎，檢視適當庫存

庫存量	補充間隔	庫存是否過剩
1 個月分	1 個月	大致適當
1 個月分	1 週	有過剩的風險
3 週分	1 週	有過剩的風險

前頁表格中，持有3週分的庫存量，被視為「有過剩的風險」；但如果是基於明確規則，持有1週分的庫存量與2週分的安全庫存，可稱得上是適當的庫存量。

庫存過剩時，都有這些模式

只要掌握什麼時候庫存會過剩，並找出原因，避免重複發生，就能預防存貨過多。

常見的庫存過剩原因，列舉如下：

❶ 新商品的銷售預測失準。

❷ 促銷活動的預測失準。

❸ 客戶不再購買該商品。

❹ 消費者對該商品失去興趣。

❺ 採購批量大。

❻ 出貨波動大。

❶是相當難解決的問題。如前所述，新商品欠缺庫存管理算式中最需要的過去數據。除了參考類似的新商品問世時的數據之外，沒有其他可靠的資訊來源。關於這一點，會在下一節的商品生命週期說明。

❷至❹的問題，可以透過公司內部合作，相當程度的控制。

也就是說，倉管部門若能與經常接觸客戶的業務部門攜手合作、避免庫存過多，將大幅提高改善的可能性。

關於❷的促銷活動，業務部門必須更仔細的擬定銷售計畫。倉管部門可以分享在過去類似的活動中，如何出貨和補充商品的分析，來幫助提高計畫的準確性。

有關❸和❹的內容，將在商品的生命週期部分說明。

要改善❺的情況，取決於採購部門的行動。首先要做的，是與供應商交涉降低採購批量。批量大，會提高庫存管理的難度，只要能稍微減少，便有助於抑制庫存。

對於❻，我們可以檢視特別需求，別被突發性的大量出貨影響，而設定過多的日常庫存，也要考量調整每日的平均出貨量。

另外，如果商品的出貨量開始下滑，這時就別按照既定的採購批量，而是只採購能銷售完的數量，即便這樣會拉高單價。如果與出貨量相比，採購批量過大的話，倉管部門就要向其他部門提出改進建議。如果商品大半都賣不出去，那麼即使採購單價低，也沒有意義。

重要的是更接近終端需求的數據

大家聽過「長鞭效應」（Bullwhip Effect）嗎？其中的「Bullwhip」是指「牛皮鞭」，比喻手邊的微小改變，會在遠處轉化為巨大的變化。

如圖表4-13所示，因為不斷重複下單，就算消費者只買了「1個」商品，但距離消費者最遠的製造商生產部門，還是可能生產遠超過實際需求的庫存。

如果製造商的生產部門「只知道自家公司業務部門的生產委託內容」，就不可能改善這種狀況。因此必須建立一套體制，以求盡可能貼近終端需求（Final Demand），並據此行動。

最理想的情況是，供應鏈的所有企業都能掌握終端需求，並為了滿足需求而行動，如此就可大幅減少浪費，既不必生產多餘產品，也不必費工夫運輸和保管。

圖表 4-13：長鞭效應，越到尾端越偏離終端需求

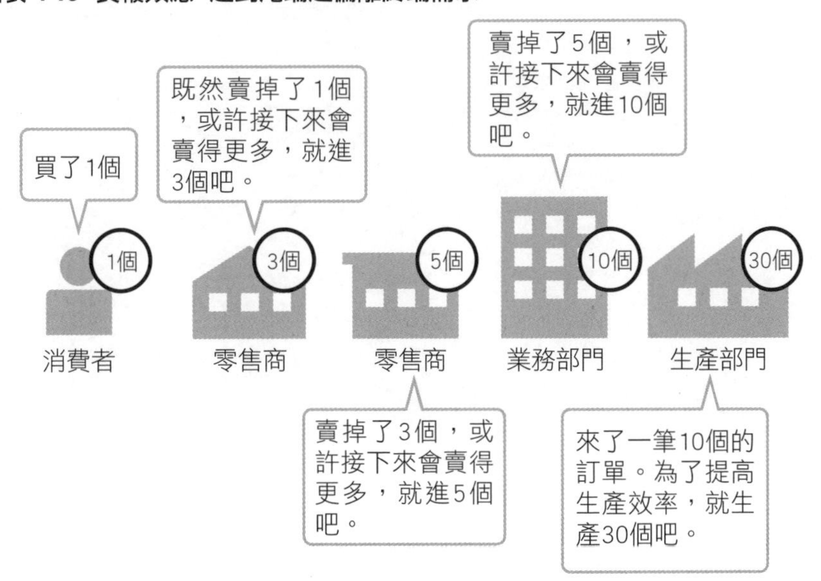

由於批發商和零售商都不想留庫存，因此有些商家原則上是售出多少商品就補充多少。

這種情況雖然不會引發長鞭效應，但由於許多製造商不得不持有庫存，而且會設法降低生產和採購單價，因此最終決定的生產量，還是會大幅超過業務部門實際收到的下單數量，長鞭效應依舊在日常發生。

掌握最貼近終端需求的數據，供給整個供應鏈需要的量，這不僅是對自家公司，也是讓整個供應鏈的庫存達到最佳狀態。可說是最高級的庫存管理水準目標。

導入期、成長期、衰退期，訂貨各有訣竅

我們接著從商品生命週期的視角，來思考庫存管理。首先，商品的生命週期可分為以下幾個階段：

❶ 導入期。

❷ 成長期。

❸ 成熟期。

❹ 衰退期。

❺ 結束銷售。

導入期：參考過去的銷售成績決定投入多少量

導入期的庫存管理是最困難的。由於新商品欠缺過去的銷售數據，所以無法得知該以什麼為根據，來計算必須的數量。

很多公司會把「新商品的銷售預測失準」，視為過剩的最大原因。盡可能活用過去類似品項的數據，是改善新商品庫存的唯一方向。我們可以拿「曾推出的新商品」當作參考基準（Benchmark）。從自家公司以往的產品中，找出目標客群和商品特性相似的品項，並預期會有類似的銷售表現，以此來準備。

那麼新商品上市後，多久才能掌握市場反應？此外，當我們判斷「這個商品似乎很暢銷」，到增加產量並實際投入市場，又需要多久時間？

在導入期，為了盡量降低預測失準產生的過剩庫存，便應該將庫存數量保持在最低且必要的限度內。這裡的「最低且必要限度」，指的是到能判斷銷售狀況為止，為因應需求所須的量。

假如可以在新商品投入市場後的一週就判斷，而且在此時追加增產的訂單，並在問市的一個月後，將增產的量投入市場的話，那麼最初的投入數量，就要以預計銷售一個月作為標準。

如果想進一步減少導入期投入的商品數量，有兩種做法。一種是盡可能在上市後立刻判斷銷售狀況。若能在三天內判斷趨勢，而不是一個星期的話，就可以減少三到四天的存量。

有些製造商擁有值得信賴、且判斷相當準確的零售商買家。在新品投入市場前，製造商會詢問這些買家的意見，並根據他們的意見預測銷售情況。如果能找到這樣的夥伴，那麼在新品問世前，就可以大致預測出來。

另一種方法，是縮短商品增產的前置時間。如果從下達增產指令到投入市場只需要兩星期的話，那麼最初投入到市場的商品數量，則可以減少1週分（按：也就是問世三週後，增產部分就能投入市場）。

成長期、成熟期：交給算式處理

處於這個時期的商品，因為有過往數據可供活用，且持續順暢出貨，所以庫存管理上沒有什麼大問題，基本上可以交給算式，依據計算出來的下單數量來訂貨。

然而在成長期，若出貨量增加的速度過快，補充存貨的速度可能趕不上，所以必須特別留意，別讓商品缺貨。另外，由於銷售情況不斷變化，因此須持續確認，看看商品是否已經減少出貨，進入衰退期了。

衰退期：一個不留，以定價出售

進入衰退期的商品中，除了到目前為止穩定出貨的長銷商品外，新商品還可分為因銷售預測失準，而沒有賣完的商品。

結束銷售時賣完所有的庫存，是最理想的目標，所以要朝這個方向好好準備。某個商品是要在賣完現有庫存後結束銷售，還是就賣到某日為止，這要由業務部門和倉管部門討論、決定。

只要判斷某個商品進入衰退期，就不再補充，這樣便可能賣完所有庫存。

話雖如此，有時也必須判斷「這個商品要賣到某月某日為止」。如果遇到這種情況，無論至今為止的下單時間點為何，都只要補充到停止銷售當天所須的量就好，並終止過去以來採用的下單量計算。

越早下決定，就能盡量以定價將商品銷售一空。當然，用清倉大拍賣的方式減少庫存，也是不錯的做法。

【衰退期至結束銷售】謹記結束銷售，來決定補充量

商品即使之前穩定銷售，但一旦進入衰退期，還是能明確發現需求下降的徵兆。

例如「客戶不再採購」、「該商品不再刊載在目錄中」、「連鎖店結束銷售」等都是跡象。當發生這些情況時，需要的庫存量將從過去的水準大幅下降，如果仍維持與之前相同的存量，就會有過剩的風險。

此時可以藉由減少每日的平均出貨量，以及不再持有安全庫存等方式，來縮減存量。

撇開買氣突然急遽下滑的特例，當消費者厭倦了某個商品時，一般來說出貨量都會逐漸減少，因此只要仔細觀察數據的變化，就能提早發現。主要會由庫存管理部門密切關注這樣的跡象。

請各位想想看，在商品衰退期，庫存管理部門應該發揮什麼功能？

銷售人員必須事先獲得相關資訊，例如「某某連鎖店將要停止銷售」等。若希望能儘早得到這種消息，平時就要與客戶建立

良好的關係。

業務部門除了要儘早獲得資訊外，還必須即時轉達給公司內部同仁。如果因為延遲分享資訊而造成庫存過剩的話，業務人員也難辭其咎、必須負起責任。

針對進入衰退期的商品，庫存部門該設定的有效目標，是降低它的庫存水準，並努力在商品完全滯銷之前，盡量把存貨全部出清。

【結束銷售期】將所有商品銷售一空

結束銷售時，最理想的情況是賣完所有商品。當銷售終止日期確定後，就要每天檢視到終止前的買氣如何，檢查最新的銷售預測與業績之間是否有落差，如果狀況不如預期，就要通知業務部門。

在這個時期，因為公司上下都會努力賣完庫存，存貨也會逐漸減少。但為了避免有人一不小心就下單補充，因此要確保每個員工都知道，該商品即將結束銷售才行。

8 季節性商品，先看過往銷售成績

所謂的季節性商品，是指限定於某個季度或節日販售的產品。和其他商品一樣，季節性商品也須基於過往的數據來預測出貨傾向。如果該商品只在夏天銷售，就觀察前一年夏天的資料。要是能獲得過去兩到三年的數據，而不是只有一年，就能更準確的掌握銷售趨勢。

建議參考先前的資料，對照業務部門設定的銷售計畫，來擬訂庫存計畫。如果推出的商品與過去幾乎相同就不用多說，就算今年推出的，是將去年的產品大幅更新的版本，如果兩者的定位相似，還是可以參考前一年的數據。

知道何時結束販售，更能妥善管理整體的庫存

季節性商品從進入市場開始，就已經知道何時要結束販售。例如「只有在炎熱時才銷售」，或是「只販售到某月某日」的商品，像是情人節巧克力等。

以庫存管理來說，除了不能在銷售期間缺貨，還要面對的挑戰是「銷售結束時，庫存得一件不留」。為了達到目標，就必須

預測本季的總銷售量。理想的情況，是製造商、批發商和零售商攜手合作，以整體供應鏈來應對。

參考前季銷售業績，擬定各月的預測

只要能預測一整個季度的銷售量，就可以據此決定要投入多少新產品到市場，以及第一次補貨的時間點。

做法是參考去年該季度的銷售方式，然後假設與之幾乎相同的趨勢。例如圖表4-14，某商品去年總共賣出1萬個。接著計算販售期間的銷售量比例後，就能預測本季度的比例也會以相同模式演變，制定滿足市場的庫存準備計畫。

如果本季度的銷售量預測是11,000個，那麼每個月的銷售預測就如圖表4-14所示。今年的模式如果與去年不同，例如會舉辦行銷活動，則應與業務部門協商後，調整所做的預測。

圖 4-14：從去年該季度的銷售狀況，預測今年該季度的銷售趨勢

	整個季度	6月	7月	8月	9月
銷售業績	10,000	2,000	4,000	3,000	1,000
		20%	40%	30%	10%
銷售預測	11,000	2,200	4,400	3,300	1,100

決定首批數量和首次補貨時間點，隨時追蹤業績

擬定各月分的銷售預測後，就要決定新產品首批投入的數量，以及何時首次補貨、補多少。

首批商品的數量非常重要。大都是由於新產品的銷售預測失準，而產生過剩庫存。首次投入的數量，目標應該是不缺貨，同時還能把滯銷降到最低。

以上頁圖表4-14為例，依據前一年的數據，預測今年6月將賣出2,200個商品，並準備必要數量，一旦判斷銷售情況可能比預期來得好或差時，就要開始增產或停產。

為此，看出判斷增產或停產的時機就相當重要。可以說，時機越早，預測失準時的損失就越小。

假設在新產品上市後的第3天就能判斷，預估銷售狀況比預期來得好，則必須增產；但如果這時發出增產指令，又能在什麼時候補貨？

如果只要10天就可以把增產的商品投入市場，那麼首批上市的數量，就是判斷所須的3天，加上發出增產指令後花費的10天，合計13天的庫存量。只要在銷售初期準備13天的存貨，即便銷售狀況超乎預期，也不至於會缺貨。

如果銷售情況不如預期，整季很難賣出11,000個商品的話，此時就可以停止生產補貨或減少補充量，就能把過剩庫存壓到最低限度。

即使已做了最初判斷，仍要持續關注是否能按計畫全部銷售完畢。

如果是幾個月內就要賣完，只要每週檢查一次並重新評估就可以了。檢查時，要看每個月實際的銷售業績是否偏離預期，如果有的話，就要決定是否增產或停止補貨。

同時還要回顧本季的銷售情況，預測本季度的整體銷售。一旦判斷銷售將不如預期，就要調整生產量，避免剩餘過多庫存。

決定最後補貨時機

為了在銷售期結束後不留庫存，最後一次補貨的時機和數量格外重要。

此時，能信賴的依舊是過去的數據，建議可以從本季的目前銷量和前一季的出貨模式，每週預測「本季度的總銷售量」。

另外，把現有庫存和待交貨商品（已下單生產但尚未到貨的庫存）的總和，比較迄今為止的銷售量，計算總共相當於「幾天分」的庫存。

如果透過計算發現，天數超過了結束銷售的期間，就停止庫存補充，專心賣完現有存貨。

由前置時間和銷售期間，決定何時停止補貨

以季節性商品來說，最令人在意的是「應該要補貨到什麼時候」。如果把現有庫存量換算成天數後，發現已經超過銷售終止的時間，就不要補充庫存。但也有可能遇到的狀況是「不論還有幾天分的庫存，都不再補貨」。

我們可以依據補貨前置時間，決定何時下達最後補貨指令。這可以在季節性商品上市計畫階段就決定。

例如，前述商品的補貨前置時間為10天，如果銷售期只到9月10日的話，那麼考量補貨前置時間，最後的訂貨日最晚為8月31日。

另外，如果在8月31日這天下單，數量就是在9月10日能全部賣完的量。

從商品的上市計畫階段，到銷售結束期、下達最後補貨指示的時機，都要事前決定好。身為賣方，最期望的莫過於以定價售出全部商品。

如果商品的庫存過剩，就得削減利潤、降價銷售以清空庫存。透過管理避免殘餘存貨，就更有機會以定價賣完商品。

定期不定量訂貨法，下單間隔越短越好

採用定期不定量訂貨法，其實也可以削減庫存。製造商的生產計畫，一般是按月、旬（10天）或週來安排。

以月為單位的生產計畫，因為必須保有1個月分的安全庫存，所以大約需要1.5個月分的量作為適當庫存。如果把月單位的生產計畫改為以週為單位的話，因為適當存量是1週分加上安全庫存，便能大幅削減庫存量。

前置時間越短，越容易適應市場變化

將月單位的生產計畫改為按旬或週為單位，意味著將縮短生產前置時間，也能迅速應對市場的變化，在庫存管理上可謂一舉兩得。

例如，假設5月中旬時，長銷商品突然大受歡迎，即使將增產納入6月的生產計畫，最遲也要到7月才能投入市場。

但如果需求的變化快速，等到補貨能投入市場的時候，人氣可能早就已經下滑了。

另一方面，若是按週次擬定生產計畫的話，則可能配合5月中旬買氣正旺時，將其納入5月最後 1 週的生產計畫。如此一來，就可以在6月初把庫存投入市場，便更有可能在產品買氣高漲時銷售。

為了迅速因應市場變化，有些公司擬定生產計畫的方式，的確已經漸漸從月單位改為週單位，甚至進一步縮短為日單位了。

努力減少制約條件

因為難以預測未來的需求，管理庫存其實並不容易，要是再加上制約條件，則會被逼入艱難的境地。

舉例來說，當需要1,000個庫存時，採購批量卻限定「3,000個以上」的話，也只能一次下單3,000個；或如果生產批量是以10,000個為單位的話，一次就得下單10,000個。

前面已經屢次提到，因為這類條件限制，難以讓庫存配合需求，因此也稱為制約條件。

縮小下單和生產的批量，縮短訂貨間隔

關於減少庫存，正如第3章所提到維持適當庫存的努力一樣，最重要的是排除或減少這些制約條件。

這是因為，如果生產批量為10,000個的話，那麼無論如何都得暫時持有10,000個庫存。但要是生產方式改變，每次可以生產1,000個的話，就能在需要1,000個庫存時下單所須的數量。

無論是生產或下單批量，從庫存管理的觀點來看，數字越小越好。當然對方可能會說「可以減少下單批量，但單價會因此上升」。這時，請務必討論「如果按舊有的批量下單的話，是否會

有滯銷的風險」。

要是買了10,000個，卻滯銷了9,000個，該怎麼辦？就算進貨單價會上漲10%，只採購所須的1,000個，不是更好嗎？

先前說明生產週期時曾提到，訂貨間隔也是制約之一。如果下單和收貨作業能盡可能集中，例如決定1個月只下單一次的話，適當的庫存量就是「1個月分+安全庫存」。如果縮短下單間隔，改為每週一次的話，那麼適當的存量就會變成「1週分+安全庫存」。

如果不改變每月下單一次的流程，無論多麼努力減少，適當的庫存量都無法低於「1個月分+安全庫存」。

由此各位應該可以知道，努力縮減制約條件，對於減少庫存來說非常有幫助。

縮短前置時間

前置時間也是相關的制約條件之一，包含所有與生產、交貨和調度庫存相關的期間。在庫存管理上，不論什麼時間都是越短越好。

前置時間會依據與交易對象的關係來決定，其中也會牽涉到公司之間的權力關係，也許很難說改就改。但如果是公司內部的前置時間，為了更能即時應對市場變動，不妨由庫存管理部門來提案。

如果因為前置時間長而缺貨，或是導致「因無法即時回應市場需求，造成增產的商品沒能即時上市，最後滯銷」等問題，就必須檢討改善的措施。

供應鏈彼此合作——代管庫存

在製造商和中間分銷環節的批發商，由退貨產生的相關損失正在發生。

另一方面，零售商可能會利用其購買力（Buying Power），藉由退回銷路差的商品，把銷售不佳造成的損失推給上游，自家公司便不會蒙受虧損，很多人都有這種思維。

滯銷退回上游就好？錯，人力時間一去不回

然而，因為退貨相關業務並非常規事務，一般來說作業效率大都不佳，有時工讀生應付不來，還得要正式員工親自處理，人事費用單價往往也較高。

退貨作業多，意味著零售店的人事費用提高，也壓縮到店員原本就不充裕的勞動時間，減少了本該用於補充暢銷商品等必要業務的時間。

退貨看似未造成實際損失，但其實所花的時間和成本也是很大的開銷。因此，對於供應鏈中的所有企業來說，減少退貨也能降低不必要的成本支出，有助於增加銷售和利潤。

另外，對於「2024年問題」（按：是指由於日本的工作方式

改革法案設定卡車司機的工時上限，進而產生一系列問題）中備受矚目的勞動時間問題，其實如果能減少退貨，縮減不必要的作業時間，就能有很好的成效。

要減少退貨，需要供應鏈共享資訊

庫存相關的課題，在公司內部是跨部門的問題，在供應鏈中則是跨企業的問題。即便只靠單一部門或單一公司努力，也無法期待龐大效果。

因此，極力推薦以整個供應鏈來處理，例如由日本經濟產業省積極支持的製造、配送、銷售協議會，就設有「供應鏈創新大獎」的選定和表揚。2021年時，與庫存相關的處理獲得大獎，本書也會進一步介紹。順帶一提，日本也以「製配販」一詞，來表示製造商、流通業者和零售商之間的合作應對。

目前日本正被迫因應物流危機，國土交通省、經濟產業省、厚生勞動省、農林水產省等政府部門，正聯合或各自提出各種解決方案。

2021年獲獎的，是與庫存最佳化相關的應對措施。為了改善過剩庫存和退貨問題，構成供應鏈的Lion（製造）、PALTAC（配送）和Sugi藥局（銷售）這三家公司，跨越企業的框架，真正做到了以供應鏈相互合作。

在這個案例中，三間公司透過分析和掌握各種現狀，判斷

「如果要減少退貨，就必須實現庫存適當化，彼此必須共享與商品生命週期有關的資訊，而且要比現在更早開始執行」。

於是三家公司制定了規則，要比現狀提前三個月，也就是在準備發售商品的階段和終止銷售階段，開始共同分享資訊。

供應商不只出貨，還代管庫存，買方要用就拿

大家有沒有聽過「供應商代管庫存」（Vendor Managed Inventory）？其縮寫是VMI，是取每個單字的首字組成，這是由賣方（供應方）來管理倉庫庫存的方式。

這種方法是在成品製造商與零件製造商之間，或零售商與批發商、製造商之間，也就是在供應鏈的構成企業裡實行的。

它不會導致「買方憑藉其購買力，把庫存管理的壓力推給賣方」。VMI倉庫對買賣雙方都有利，甚至有可能成為最理想的庫存方式。

VMI倉庫通常會設置在買方的物流中心附近，也可能設在買方的物流中心內或工廠一角。

放在這類倉庫裡的庫存，在買方使用前，都屬於賣方的資產。當買方從這裡拿走或使用庫存之後，就會直接成為賣方的銷售額。而賣方要做的，是維持VMI倉庫的庫存不斷絕。而買方則負責提供自家公司的銷售業績等給賣方，以供確認必須庫存量所需要的資訊。

可以說，VMI倉庫對買賣雙方都有好處，詳細情況如下方圖表4-15整理的內容。

圖表 4-15：VMI 倉庫，對雙方都有利

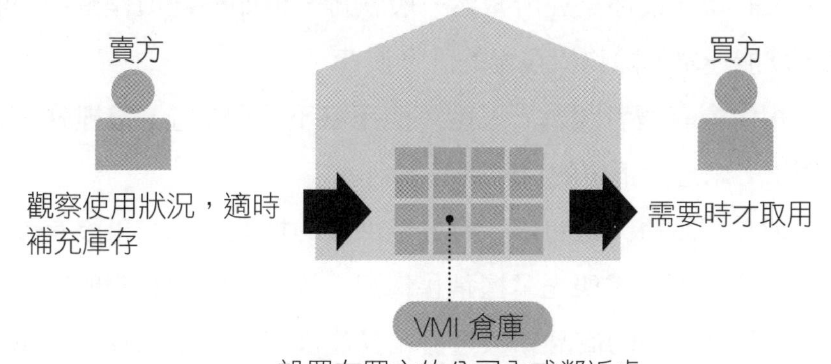

● 買方的好處

- 不被日常的訂貨作業拘束。
- 減少存貨。
- 減少因缺貨導致銷售機會損失。

● 賣方的好處

- 不必應對瑣碎的訂單。
- 抑制長鞭效應產生的影響。
- 降低物流成本。
- 減少銷售機會的損失。

未來，還需要「下單」嗎？

採用VMI倉庫後，最大的轉變是不再需要下單手續。一直以來，訂貨作業像是理所當然一般執行，但如果這項作業消失的話，就能一舉消除物流現場的許多浪費。

相信會有讀者認為「怎麼可能不必下單訂貨」，這裡就用具體例子，來思考下單的目的到底為何。

現在假設買方是超市，賣方是供貨的批發商。如果沒有設立VMI倉庫，超市需要先掌握銷售情況，檢查店鋪和倉庫的庫存資訊，然後把所需的商品和數量發給批發商，這就是以往的下單作業流程。

批發商也會向製造商下單，但他們是看自家公司的出貨情況和庫存，來訂購必要的量。也就是說，所謂的下單，就是需要存貨的一方（買方），向供應商（賣方）傳達所須庫存的內容以及數量。

然而，仔細想想，如果能傳達必要的訊息，也不必拘泥在下單這項作業了。

以省略下單、實現大幅削減成本的方式來說，較容易理解的例子就是大飯店餐廳常見的吃到飽自助餐。自助餐除了早餐時段，也會在午餐和晚餐時提供，它受歡迎的原因在於「實惠的性價比」。這種用餐方式讓顧客可以用較便宜的價格，盡情享受豐富奢華的菜色。

飯店吃到飽自助餐，就是無須下單的雙贏策略

至於為什麼實惠，其中一個原因是供應方能大幅節省人事費用。為了把顧客的餐點送到桌上，就需要有接單的人、煮菜的廚師和送餐的服務生。

但如果是自助餐形式，則只需要烹調的廚師，而且也不必「因為不知道客人會點什麼菜，就算多少會浪費，也要預先準備食材」。

而餐檯上排列的豐富菜色都是「庫存」。客人一邊看著眼前的佳餚，一邊拿取想吃的食物。供應方只要觀察食物減少的情況，並隨時補充、避免缺貨即可，還可以減少浪費。

可能會有讀者疑惑：「只烹調客人點的菜色，不是更能減少浪費嗎？」然而，如果是一家四口，每個人都點兩道不同的菜，情況又會如何？

如果不知道誰會點、點什麼以及點多少，而且接到點單後還得盡快提供的話，就需要確保廚師能烹調任何菜餚，還須有足夠的食材來因應才行。如此一來，成本當然會提高，因此提供的菜餚價格自然也更貴。

也就是說，接受訂單並對應的機制，使得供應方必須準備大量的人力和材料，當然成本也較高。

但如果是自助餐的話，供應方可以在方便的時候烹調菜餚，然後再陳列。還能在準備充足的情況下，再製作5人分或10人分

等當下方便供應的量補充就好。

自助餐這套系統，實現了下單相關成本的最小化，也將應對訂單交貨的成本降至最低。這個雙贏機制，對使用者和提供者雙方都有利，其特點與VMI倉庫非常相似。

訂閱服務的便利之處——不必下單

訂閱制（Subscription），是近年針對一般消費者飛躍成長的模式。藉由每個月支付固定的費用，就可以用較實惠的價格，獲得服務或商品。

其中，有許多是像網飛（Netflix）這樣，不涉及實體物品移動。但其中也有些服務是消費者不用下單訂購，就會以每個月一次或每週三次的頻率，定期配送食品、化妝品或花卉等。這類商業模式的好處如下：

● 客戶的好處

・省去下單手續。即使忘了訂貨，也依舊會送達（代表不會缺貨）。

● 賣方的好處

・省略接單手續。不會因超乎預期的大量訂單亂了陣腳，能有計畫的推行業務。

對消費者來說，不用下單就能收到所須物品，自然很方便。而且拿購物網站「接單後送貨的一般模式」與「定期配送」相比，會發現後者的價格通常比較優惠。基於價格便宜、手續簡單，而且商品的品質相同來說，消費者實在沒有理由不選定期送貨。

連下單都省、廠商自發送貨，可能嗎？

相信各位身邊已經有朋友，正享受免下單訂購的好處，也已經理解VMI倉庫，不必下單就能補充庫存的優點。

其實繼續探究就會發現，還有方法能進一步降低成本，不限於VMI倉庫，而是連下單都省去。

例如，超市會經常向供應商公開銷售狀況和庫存資訊。供應商一邊檢視超市的數據，同時考慮如何不缺貨，並盡可能壓低交貨的物流成本，最後決定送貨的時間點和內容。

「如果不下單，要是供應商送來多餘的商品，強迫我們購買的話，就糟糕了。」其實，在不斷交易的供應鏈關係中，買方的擔憂是多餘的。對供應商來說，如果買方能不遺漏任何銷售機會和零缺貨，那麼自家公司也能創造最大的銷售額。

實際上，二十多年前就已實現這種做法。龜甲萬（Kikkoman）公司以公開的庫存資訊為依據，在未收到訂單的情況下，便發貨至批發商的倉庫。

這樣雖然提高了貨車的運轉率，減少了使用的輛數，並提升效率，現在卻沒有執行。從邏輯上說，這是低成本的機制，但還是等待願意嘗試的企業出現。

鑒於環保問題和永續發展，努力減少浪費

退貨的過剩庫存，會產生非必要的物流、浪費無謂的物流成本。滯銷的庫存最終還是當作垃圾處理、廢棄。

這樣一來，耗費無謂成本、無端消耗能源，最終還是報廢。從環保問題和永續發展目標（Sustainable Deve-lopment Goals, 以下簡稱 SDGs）的角度來看，最好還是應極力避免。

倉儲基本功「5S」

倉庫排放整齊，人員也較方便作業。然而，就算整理的井然有序，有時候裡頭放的卻都是滯銷商品。

批發商的倉庫特別容易發生這種問題。倉庫中不僅要保管自家公司的庫存，製造商或一級批發商（最上層）還可能把庫存暫放在裡面。

這種情況可說是不良的商業習慣，而且會對批發商的倉儲營運帶來不良影響。

供應商硬塞的存貨，要特別注意

把貨品送來倉庫的所有公司，在此姑且都稱為供應商。供應商不會在意批發商的倉庫庫存量是否適當，而是以自己的方便為主，把想存放的貨都送來。對他們來說，既然不須支付倉儲保管費，把貨物裝滿整輛貨車便是成本最低的做法。因此就算還有充足庫存，也依舊會送貨來。

如此一來，批發商的倉庫會極其混亂。首先，因為新庫存與舊存貨的批次不同，必須準備其他位置存放。如果要收納在同一個區域，還必須把新進商品挪到舊存貨後面，這樣才能做到先進先出。

另外，因為供應商運送庫存時，會優先考慮貨車的運輸效率，所以送來的貨可能會超過倉庫的儲存空間。

這樣一來，倉管人員只好把塞不進去的庫存，強行暫放到貨架上或通道邊緣。而因為臨時放置的位置沒有正確標記，人員可能會找不到庫存。另外，由於倉庫內的通路變窄，也會降低工作效率。

為了改善上述問題，便必須嚴格執行貨架的庫存管理。確認了出貨量，確定持有「幾天分」的存貨才合適之後，再來調整其數量。

如果批發商自己下單，便可以實現這種管理方法；但如果系統允許供應商隨意送貨來，就無法實行。其中，有些供應商可能會把批發商的倉庫當成是自己的，為了避免這種情況，可以考慮根據存貨數量來收取費用。畢竟，保管貨物得執行先進先出的作業，因此收取保管費和作業費也是合理的。

認識倉儲管理基本功「5S」

妥善管理貨架上的庫存十分重要。但先決條件是打造優良的環境，讓作業人員容易找到正確商品、容易存放和取出商品。為了維護整齊的環境，有效的方法便是徹底執行「5S」（取自以下名詞的日文發音）。

❶整理（Seiri）。

❷整頓（Seidon）。

❸清潔（Seiketsu）。

❹清掃（Seisou）。

❺素養（日文漢字為「躾」，Shitsuke）。

5S的思維經常用於改善工廠生產現場等活動。為了更容易理解，下頁圖表4-16整理了五個S的關係圖。屬於日常行動的是整理、整頓、清掃三項。而維持這三項狀態的，則是清潔。

清潔一詞或許有些難以理解。這個詞在英語中是「Standardize」，可譯為標準化，但在此可以理解為「制定規則，讓每個人都能以同樣的方式整理、整頓和清掃」。

最後一個「素養」指的是針對整理、整頓、清掃三件事，始終不懈怠，確實養成並維持習慣，正確遵守既定事項。在英語中，通常以「Sustain」（維持）這個字表達。

5S金字塔，是為了表現這幾個詞彙的相互關聯繪製而成。就算無法完美執行這5S，也要做到「整理、整頓」。如果連這兩個S都做不到，那麼不論執行得多正確，最後都只是白費力氣。

整理和整頓兩個詞雖然類似，但意思不同。如果可以精準理解兩者差異，就能提升改善的水準。注意別搞錯順序，首先是整理，就是區別需要和不需要的物品，不需要的就丟棄。

圖表 4-16：5S 金字塔

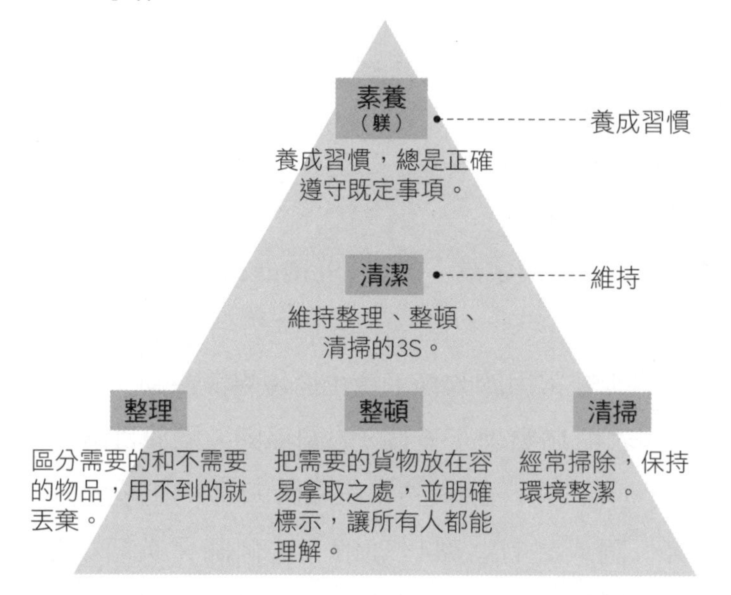

然後，在只保留需要物品的狀態下整頓，意思是創造方便作業的環境，讓人員能立刻拿出所須物品。當然，容易立刻取得所須物品的環境，自然也容易收納。

走出倉庫，2S也同樣重要

這個順序不僅適用於倉庫，也適用於收拾桌子周圍和房間。

當你打算清掃凌亂的房間，也許會把重心放在收拾得「看起來很乾淨」。然而，如果有太多用不到的物品，即使看起來很整齊，狀態也很難長久維持。要維持整潔、能立刻取得需要的物品，重要的是別堆放多餘的東西。

如果不好好整理和整頓倉庫，人員就可能找不到正確的貨物或者出錯貨。為了確保作業的準確和速度，整理和整頓現場極其重要。

單元數量，只會越來越多

庫存單元（Stock Keeping Unit，簡稱SKU），意思是庫存的最小單位。管理存貨時，一定會用到這個概念。一個SKU等同於一個項目。即使是相同的商品，如果顏色或尺寸不同，也會被視為不同的庫存單元。

例如，在時尚服飾產品中，不會單用「襯衫」來稱呼，而是使用「品號〇〇的襯衫、M尺寸、白色」，這便是庫存單元。只要提出這項資訊，無論到哪裡，都會視為同一項產品。

不謹慎管理，SKU 數量就會一直增加

不論是製造商還是物流業者，如果放任庫存單元不管，數量就會越來越多。因為每家公司都以擴大營業額為目標，非常積極的開發、引進新產品，但同時也代表要管理更多的庫存單元。

即便積極的開發新產品，但對於銷量下滑的產品往往興致缺缺。只要繼續留著這類滯銷品，庫存單元就會一直增加。不是在資料庫留下數據，就是在倉庫裡堆著存貨。

只是在資料庫留資料還能容忍；但在實際堆放物品的倉庫中，過剩存貨必定會引起各種問題。

由於存貨是依據庫存單元來管理，如果數量太多，管理上就得花較多手續。要是數量增大，但人力不變的話，管理的水準也會下滑。

必須制定規則控管，否則倉儲也會出問題

隨著庫存單元數量增多，如果「新產品有庫存，但熱賣的長銷產品卻缺貨」，或「銷量下滑的商品一直有庫存」，自然會喪失銷售機會。明明是為了增加業績而推出新產品，結果反而本末倒置了。

為了防止這種情況，就必須控管庫存單元的數量，要是放任不管，結果只會越來越多，因此必須制定明確規則來限縮。

建議可以設定整間公司或依商品類型，決定庫存單元數量上限，並為每個單元設定銷售額下限。例如「開始銷售後經過幾個月，如未能達到預期的業績」，或是「年營業額低於幾萬日圓的產品」，就撤銷該庫存單元。

檢討撤銷時，如果是人為判斷的話，最後的結論往往是「還是再觀察一段時間吧」。因此最好依據數據來制定決策規則，盡量避免人為判斷。

即使產品銷量不佳，只要留有庫存，就會占倉庫空間。此外，就算是相同的產品，若生產批次和賞味期限不一樣，還是得視為不同項目，分別放置在不同的架子。

倉庫裡，除了要留空間保管存貨，也要適當的劃分保管區域以留出作業通道，讓工作人員得以順利進、出貨，維持在整頓的狀態。

只要不銷毀，商品就會一直堆在倉庫中。不良庫存或長期庫存商品，除了會占用寶貴的空間，還會排擠目前銷售順暢的產品位置，堆放在走道上。

如此一來，不僅會引發經營的問題：「好不容易進貨（生產），卻賣不掉。」還可能導致作業效率低落，使得成本高漲。

了解銷售的 ABC 分析法

ABC分析法可以分析商品的銷售狀況，也被稱為「二八法則」（按：也稱為帕雷托法則〔Pareto principle〕，意思是大多數的結果〔80%〕往往由少數的原因〔20%〕產生。二八法則並非精確的數學模型，而是一種經驗法則）。

一般認為「暢銷的兩成商品，占了公司的八成營業額」，下面依據樣本數據，製作關於銷售和庫存的常見模式。

首先是銷售額，依據一般的ABC分析，按銷售金額多寡排序商品，接著計算銷售的構成比率，然後累加起來。將數據繪成圖表後，就如右頁圖表4-17所示。從中可看出，20個項目將近占了銷售額的80%，這就是「二八法則」的狀態。

圖表 4-17：銷售 ABC 分析，得知 20% 的品項，約占了 80% 的銷售額

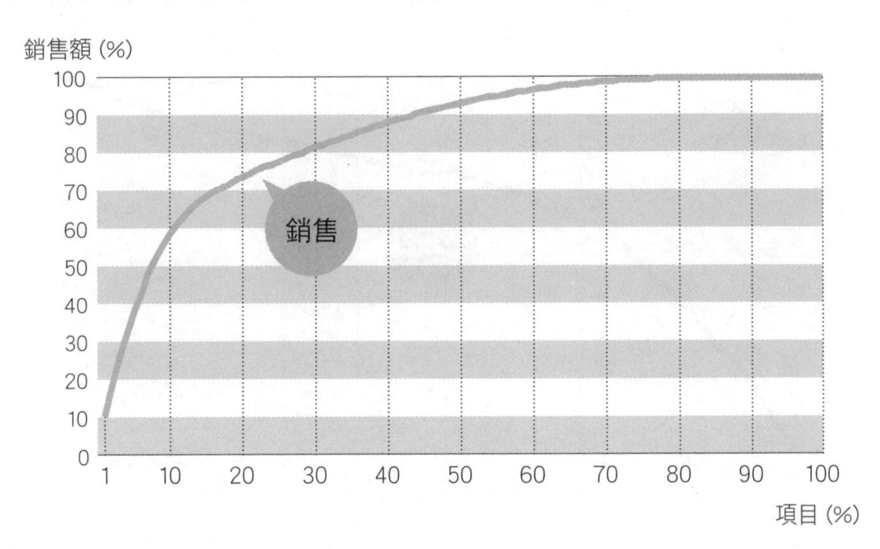

用庫存數據實行 ABC 分析，注意滯銷品的庫存

接下來配合庫存狀況看這張圖表。與前述相同順序排序商品，查看每個商品的庫存金額，然後從庫存總額中計算構成比率，接著計算累積比率。

請看下頁圖表4-18，我們能發現銷售額和庫存的線條不太相似，而且兩條線相距甚遠。這不是好現象。「庫存狀態應該維持得與銷售狀態相同」，以這個原則來說，一般會期望兩條線維持一致。

圖表 4-18：利用庫存資料做 ABC 分析，波動代表滯銷品仍留有庫存

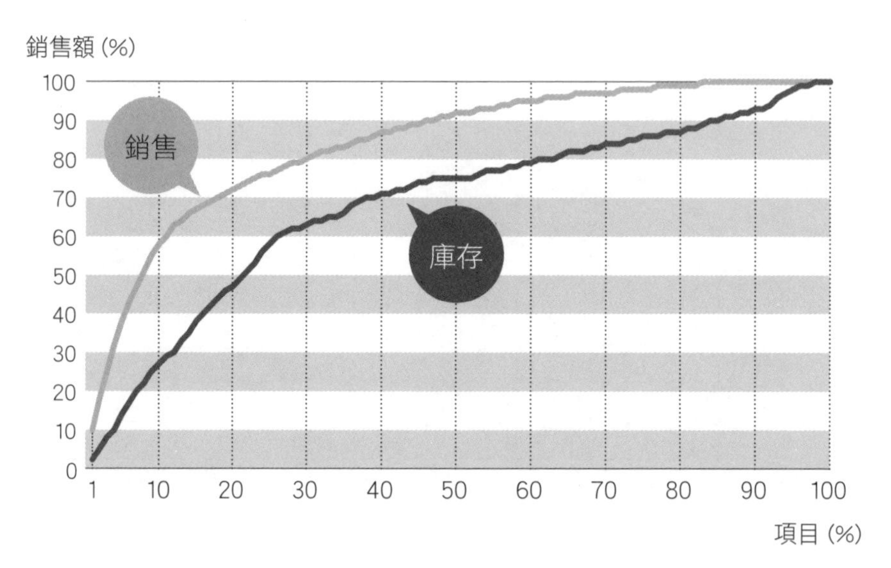

我們更詳細的觀察圖表左邊，也就是關於暢銷品的庫存線條上升趨勢較弱，這代表該商品並未順應銷售狀況持有充足的庫存。如果看圖表右上角表示銷售的線條，從大約第85個項目左右，就緊貼著100%的位置了。

另一方面，這些商品的庫存出現波動。也就是說，可以知道有些商品已經滯銷，卻依舊持有庫存（按：項目越多，銷售額越多，線條理應一直往右上延伸。波動則代表庫存項目增加，但銷售額沒有隨之增多）。

若只看銷售業績，可能不會注意到已經完全滯銷的商品數據，甚至完全感受不到問題。

然而，這些已經賣不動的商品，庫存依舊放在倉庫中，而且可能已經降低暢銷商品的配置效率，且因無法妥善收納，導致作業效率下滑。

從作業、成本，抑制負面影響

銷售額下滑的商品，就應該將庫存從工作效率優先的區域，移到保管效率優先的區域。

如果數量繁多，就不該存放在常規出貨作業用的倉庫，而是應該考慮轉移到保管專用倉庫。轉移到保管成本較低的區域後，即便降價出售，也得要抓住機會清光庫存。

必須從作業和成本兩方面，盡可能抑制負面影響，並努力將庫存銷售完畢。如果檢討、處分存貨的時機來到，就要根據事先制定的規則，謹慎處理。

處理也必須針對每個項目，檢討、驗證為什麼無法銷售完畢。如果庫存單元數量的管理逐漸落實，花在每個項目的時間也會更多，如此一來，應該可以抑制處分庫存的狀況再次發生。

專欄

以整體供應鏈減少大幅波動

這裡所謂的波動，是指作業量等的「變化」。創造沒有變化的狀態，就稱為平滑化。

波動會產生浪費

平滑化能有效減降物流現場的成本。反之，如果不妥善處理，就得支出無謂的成本。

大多數的物流第一線，因為無法預測當天的工作量，經常會配置過剩人力。萬一實際工作量低於預期，就會出現空閒時間，導致人員沒有工作可做。

儘管如此，也不可能因此就讓員工返家，必須讓他們在工作場所待命。而雇主也得支付空手等待時的工資，也會增加額外的人事費用。

相反的，如果工作量超乎預期，就要支付加班費，倘若無法按計畫出貨，還得讓車輛等待，並支付待機費用和高額的運送費用。

作業量會有波動，原因是客戶的訂單出現變化。為了消除變動，就需要調整客戶的下單量。

當然，如果實際需求改變，為了妥善應對，物流現場出現波動也是不得已。例如，店鋪附近將舉辦大型活動，預期當天便當的需求量會是平日的三倍，那麼會增加三倍的便當下單量也屬合理。若能因應這個需求，就可以創造龐大的營業額。

另一方面，假設商家為了即將到來的連假，舉辦生活用品促銷活動，那麼是否應該在連假開始幾天前，就先運送遠超過平日數量的貨品？

如果從過去的業績，可以預測長假前夕訂單的確會比平時多1.5倍，就必須事先預備1.5倍的人力和車輛應對。然而，所謂的「1.5倍」也非確定的數字，還是有可能變動，最終出現過剩或不足的情況。

為因應波動，費用可能較高，且生產力低

今天，不論是工作人員或車輛，都不容易調度。若想臨時應對的話，很有可能得花費超出平常許多的成本。

另外，臨時調度的工作人員和車輛，因為不熟悉工作現場，還得支出教育成本，生產力也不高。也就是說，要應對貨品量的波動，除了會產生高昂成本，也會導致生產效率低落。

該如何避免這類問題？聰明的解決方法，就是別把變動視為理所當然並設法因應，而是應該努力不產生或減少波動。

供貨方可提早因應變動

專門製造牙膏和自行車的三詩達公司（Sunstar）藉由分析出貨量，發現了變化。經過調查後發現，好像不一定與零售店的銷售數量有關。

換句話說，就是別在零售店業績好的時候，才往店鋪補貨因應。因為此時員工們就算長時間加班收貨，也和提升店內銷售沒有什麼關係。

為此三詩達設定了出貨量的上限。對於連假前的促銷活動等特殊需求，如果按過去的方式，按訂單直接送貨的話，商品會在連假前幾天送到，也必須臨時徵調許多貨車。

三詩達會在訂單快要集中的時期，先提前收單，若訂單量超過上限，就提前送貨。這樣一來，三詩達只需要事前確實調度人員和車輛，妥善處理最大的貨量，就能減少緊急應對。

平滑化對下單廠商的效果

減少波動不只對供貨方有好處，對下單的買方同樣也有益。其實，決定訂單內容的部門和物流中心之間，有時並未完全共享資訊。即使是同一家零售店，很多時候是由業務部門下單，而物流中心只負責收貨。由零售店的業務負責人訂貨，收貨則由批發的物流中心執行。

當下單量比平時多出30%，送到物流中心的貨量必定也會增加30%，作業量自然隨之增加。但有時下單的負責人並未告知物流中心「下單量會增加30%」，結果物流中心沒增加人手。如此一來，現場自然一片混亂，甚至導致物流中心無法容納所有貨品。

在連續長假前，貨物集中的物流中心，曾經發生讓貨車空等8小時以上，最後卻因為「就算卸貨，倉庫也沒有空間可收納」，讓裝滿貨品的貨車原車返回。其實只要設定交貨量的上限，就可以減少這種狀況。和保存期限只有當天的便當不同，日用雜貨品和加工食品等，沒必要非得「當日」交付。

應該把受到嚴格限制的車輛和人員狀況視為最優先條件，然後配合移動庫存。物流的穩定得仰賴整個供應鏈一起努力。

檢討波動前後哪些環節出錯

第4章說明了關於出貨的四種波動，這裡提到的是「人為造成的促銷變動」。最後讓我們檢證假說，作為後續處理。

一般會基於什麼假設來下單？假設是否正確？如果缺貨，意味著可能會損失銷售額。為此，應該列出所有能想到的原因。反之，如果庫存過剩，除了分析發生原因之外，必須在早期階段盡快採取措施，以消除剩餘庫存。

與系統配合平時的出貨狀況來預備庫存的情形不同，因為這是人為擬定計畫後調度的存貨，必須由人來努力賣掉。

第5章

資訊系統的特徵和應用實例

與其他資訊系統連動

庫存管理必須針對商品項目執行，且準確掌握進、出貨的時間和數量、目前的庫存、是否有未交貨的訂單，以及是否可以出貨等數據，因此須管理龐大的數據。

如果能即時掌握這些資料，有助於防止缺貨和過剩庫存。例如，即使倉庫貨架上沒有商品，若可從剛到貨的產品中找到所須品項，馬上出貨。

假如項目不多，也可以由人力管理這些數據，但比起利用計算機和資訊系統設備，人還是會出錯或延遲。庫存管理也可善用Excel等試算表系統和資訊系統。

什麼是庫存管理系統？

市面上有許多名為「庫存管理系統」的軟體。以我來說，雖然會希望這類管理系統，能告訴我恰到好處的下單量、何時下單才不會缺貨或產生多餘庫存，但現實上並非總能如願。所有庫存管理系統的共通點是立刻告訴使用者，哪些品項進了多少，出貨了多少，目前還有多少數量。

除此之外，庫存系統還有以下特色，例如會提醒建議下單量，或是與倉庫管理功能整合，有些則適用於大型倉庫；甚至也有適合網購業者，以及特別用來管理特定商品的系統等。

與其他資訊系統連動，減少作業負擔

為了輕鬆輸入正確數據至庫存管理系統，便必須與倉儲業務相關的資訊系統連動。

管理系統須正確記錄進出的貨品，但之所以會進貨，是因為「已完成生產」、「業務部門下單」或「客戶下單」。這些數據都記錄在生產管理系統和採購管理系統中。如果能順利將這些資訊同步到庫存管理系統，除了可以節省輸入的人力，還能避免重複輸入這些資訊。

存貨會離開倉庫，也是基於相同狀況。因為「各地區據點傳來補充庫存請求」或「客戶的訂單」，這些資訊也存在於據點間庫存補充系統或銷售管理系統。如果上述資訊能相互整合，就可省略重新輸入的手續。

即使交易對象改變，只要數據格式能讓資訊相互連動的話，就可以盡量減少整合的手續和成本。庫存管理系統若是以網路為基礎，就能更輕鬆的相互統整。

大約以2000年左右為分界，如果企業是使用之前開發的關鍵系統（Mission Critical System，也稱為「傳統系統」〔Legacy System〕），在與其他公司的系統整合時，可能得付出巨大的勞力和成本。

如果是公司內部的管理系統，因為數據格式是內部通用的，所以不會有問題。但銷售產品時，勢必要與其他公司交換資訊。

在出貨前，必須從對方的資訊系統接收訂單，然後根據訂單內容備貨。如果有庫存，就需要透過資訊處理，將數據轉換為出貨指令。

日本的經濟產業省在數位轉型報告中，提到「2025年斷崖」一詞，其中提醒過了2025年後，因為維護傳統系統的技術人員將會減少，依賴這類系統的企業，可能會遇到業務營運方面的障礙。

今後能以較低成本，在短時間內構建系統

即便是資訊化落伍的企業，仍能活用網際網路、以較低的成本，在短時間內開始利用資訊系統。

基本上，大多數時候都是使用套裝軟體（Packaged Software），部分系統則採用客製化設定。

因為這類系統是以整合數據為前提，就算委託的物流服務業者或交易對象改變，數據連動上也不會遇到太大的困難。

本章會介紹幾套庫存管理系統。由於種類繁多，無法一一詳細說明，這裡只列出應具備的功能，並介紹具有該功能的系統。如果各位讀者對其中幾項感興趣，可以考慮引進自家公司，或是參考其中的功能，尋找更符合公司需求的選項。當然，你也可以

把喜愛的功能，整合到自家公司開發的系統並逐步改善。

參考系統的設計思維

「FAIRWAY SOLUTIONS」公司的「φ-Phi Pilot系列」（φ-Pilot Series）系統，可作為控管需求和庫存的解決方案。在該公司的網站上，說明了使用Excel處理庫存時會出現的問題，並和管理系統對比。由此可以推測，該公司主要鎖定的客群，應是至今尚未引進系統的企業。

該公司針對庫存管理常見的問題，也提出解決方案並準備了對應的系統。目前仍在使用Excel管理存貨的負責人，可以將其與Excel所處理的內容相互比較。

例如，針對減少存貨和庫存最佳化的重點，FAIRWAY SOLUTIONS公司列舉了以下項目：

❶設定適當的庫存水準。

❷考量出貨預測，重新檢視下單方式。

❸定期檢查和追蹤異常庫存。

該公司並未建議立刻投入大規模系統投資，他們在網頁中呼籲「首先應該關注目前的『低於訂貨點列表』（按：庫存低於標準）等下單標準」。它似乎能大幅緩解庫存管理人員遇到的困擾：「儘管現在還能用Excel勉強應付，但已經感覺遇到瓶頸。」

其實，不僅可從銷售庫存管理系統的各家公司網站，看到系統介紹和擅長的領域，還可以窺見不同廠商的思維。選擇與自家公司觀念相近的廠商所提供的系統，也是有效的選擇方法。

哪些商品適合用系統來管理？

即使引進庫存管理系統，也不一定適用於所有商品。「西濃資訊服務」公司（Seino Information Service）的系統「SLASH」，首先會確認適合用系統管理的品項。

用RFM分析來分類品項

能以系統管理的品項，是指出貨具有「重複性」（分類標準見第218頁圖表5-2）的商品，可以使用RFM分析法找出這類品項（請參考右頁圖表5-1）。

RFM分析是以最近的消費日期（Recency）、來店頻率（Frequency）和單次購買金額（Monetary）三個指標，將顧客排序，得到的數據可用於分析庫存品項。

第1類和第3類商品因為需求穩定，可根據過去的出貨狀況計算並交由系統管理。第2類和第4類由於不常出貨，交由系統管理較不安全，應該藉由人為判斷。

SLASH會根據各品項的最後需求日期和需求次數來計算分數，並根據計算結果，判斷該品項是否適合由系統管理。

圖表 5-1：區分經手品項的特徵和庫存方法，第 1 類和第 3 類可由系統管理

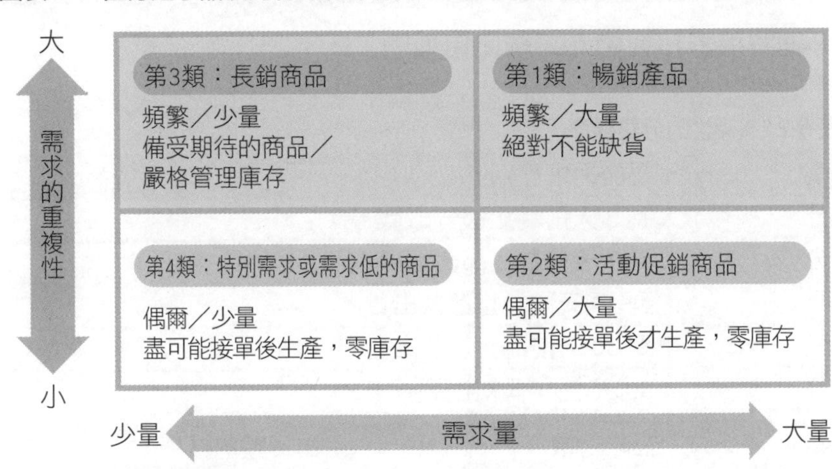

（出處：作者依據西濃資訊服務講座的資料製表。）

如果由人來管理，判斷標準可能較模糊，而且判定上也較花時間，因此重要的是應該由人「設定標準」，一旦確立標準，就自動分類。

在該公司的說明資料中，相乘的答案如果超過一定分數，就判定為「重複性高」，但還是可根據最終需求日與需求次數，設定為符合自家公司的狀況。

以數據為基準，可以擺脫過度的人為操作，進而達到下單業務標準化，實行起來也更有效率。

依據該公司介紹，這套系統可從過去的出貨數據掌握各品項的需求動向，計算出最適合的下單時機。因為能免費試用，管理人可以在引進前檢驗運用的效果以及是否順手。此外，系統還提供雲端和地端兩種（on-premises，指自家公司持有、運用的伺服器、網路機器和軟體等系統使用型態）。

圖表 5-2：重複性的分類標準

分數	最後需求日期
5 分	到 3 天前為止都曾出貨。
4 分	到 7 天前為止都曾出貨。
3 分	到 14 天前為止都曾出貨。
2 分	到 30 天前為止都曾出貨。
1 分	30 天之內都未出貨。

分數	需求次數	出貨頻率標準
5 分	30 次以上。	1 週 2 次以上。
4 分	14 次以上未滿 30 次。	1 週 1～2 次左右。
3 分	7 次以上未滿 14 次。	2 週 1 次左右。
2 分	3 次以上未滿 7 次。	1 個月 1 次左右。
1 分	未滿 3 次。	幾乎沒有。

最後需求日期的分數×需求次數的分數＝判斷需求具重複性的分數

（出處：作者依據西濃資訊服務的說明資料製表。）

需求變動較小的商品，就列為削減對象

而前一節提到的FAIRWAY SOLUTIONS會分析商品品項，並建議使用者將右頁圖表5-3中的金牛和落水狗商品，列為削減庫存的主要對象。

圖表 5-3：各商品特性與庫存方法，應主要削減金牛和落水狗的庫存

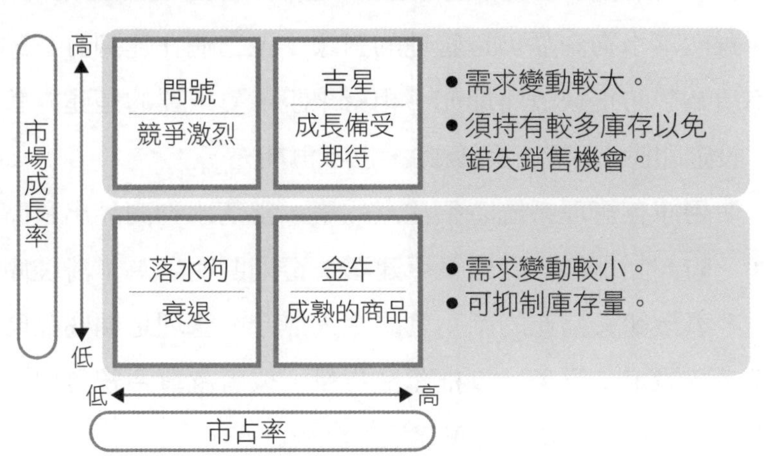

日立解決方案東日本公司（Hitachi Solutions East Japan）的「SynCAS PSI Visualizer」系統，可用來管理庫存和削減存貨，它和FAIRWAY SOLUTIONS擁有同樣的思維邏輯。

金牛是市場成長率雖低，但銷售穩定的商品。它的銷售量大，可以成為安定的利潤來源。也由於需求穩定，容易判斷必須庫存量，所以容易削減存貨。

銷售量大，代表努力削減庫存更容易有卓越效果。即使只削減了 1 天分的庫存，銷量多和賣得差的商品之間，仍然存在巨大差距。

落水狗不再補，吉星絕對不能缺

會被歸類為落水狗，代表商品生命週期正處於衰退期。我們希望能將其銷售一空、不留庫存。

雖然落水狗商品仍是管理的對象，但它們在達到訂貨點時，已不須為了防止缺貨而補充。相對來說，更重要的是建立管理體制，設定即使庫存降至訂貨點，也不再補充。

使用庫存管理系統時須注意的是，當落水狗商品出貨時，不必像一般商品那樣，發出下單建議。否則明明是為了清理庫存而出貨，事後卻又補充的話，真的令人無奈。管理這類商品時，應切換系統設定，避免計算推薦補貨量，或者就算系統發出下單建議也不必理會，只要靜待庫存逐漸減少就好。

吉星商品的銷售額正在增長，從庫存管理的角度來看，應該更注重防止缺貨和損失銷售額，而不是減少存貨。前面提到的兩家公司，也都表示不須削減這類商品庫存。

吉星商品由於需求增加，再加上可能實施促銷活動，如果僅依賴過去的數據來管理，有可能會缺貨。若使用庫存管理系統，首先應該理解系統的計算邏輯，並在必要時加入人為判斷，以便更精準的因應需求變化。

從庫存管理的角度來看，除了參考系統的建議下單量，還要同時建立資訊共享機制，分享關於未來需求可能增加的業務資訊（例如舉辦商品促銷活動等），才是最理想的。

在這樣的管理體制下累積數據，藉由反覆驗證和完善假設，就能進一步提升庫存管理的水準。

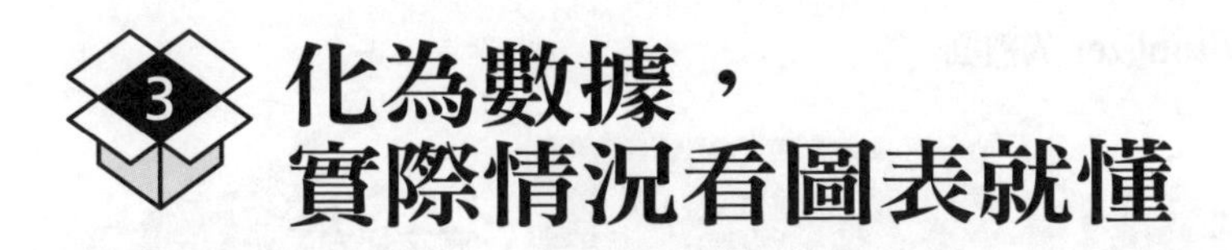

化為數據，實際情況看圖表就懂

「PSI Visualizer」是日立解決方案東日本公司的系統，讓我們可以檢視生產（Production）、購買（Purchase）、銷售（Sales）、出貨（Shipment）、庫存（Inventory）的狀況。

這套系統能用各種方法，將庫存狀況化為肉眼可見的數據，所以能提供豐富的資料，建議我們該採取什麼行動。即使處理大量的品項，也能迅速應對。

雖然細緻的庫存管理需要龐大的數據，但僅憑數字也無法徹底了解實際情況。管理庫存時要求迅速決策，因此如果系統能提供可視化的資訊、好讓我們正確判斷，便非常有價值。

因為PSI Visualizer能在螢幕上，一次顯示多個項目的庫存動態，能幫助使用者更容易發現問題庫存。

用圖像呈現每個項目未來的庫存狀況

由於PSI Visualizer可以用圖像呈現每個項目的狀況，因此能讓使用者，直覺的帶著下頁的問題意識查看數據。

（畫面）PSI Visualizer 的畫面

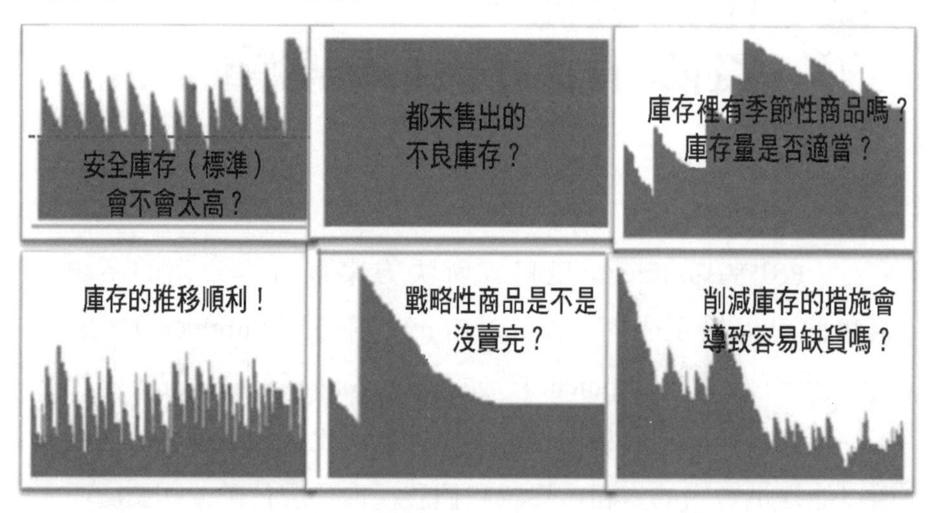

（出處：引用自日立解決方案東日本股份公司的網頁。）

舉例來說，當某個項目的庫存呈增加趨勢時，如果你猶豫是否要如過去那樣補貨，可在操作畫面上點選該項目，以檢視該詳細資料，幫助你正確判斷是否必須提前執行下一次補貨。

另外，PSI Visualizer還可以根據出貨預測和生產計畫，預估未來的庫存狀況。例如，以右頁圖的狀況來說，圖表右側「未來」的部分，顯示庫存稍微過剩（按：類似本頁上方各畫面的左上圖型）。此時，就可以透過滑鼠操作來模擬，檢視如果推遲生產會有什麼改變。

（畫面）PSI Visualizer 可以模擬未來的庫存狀況

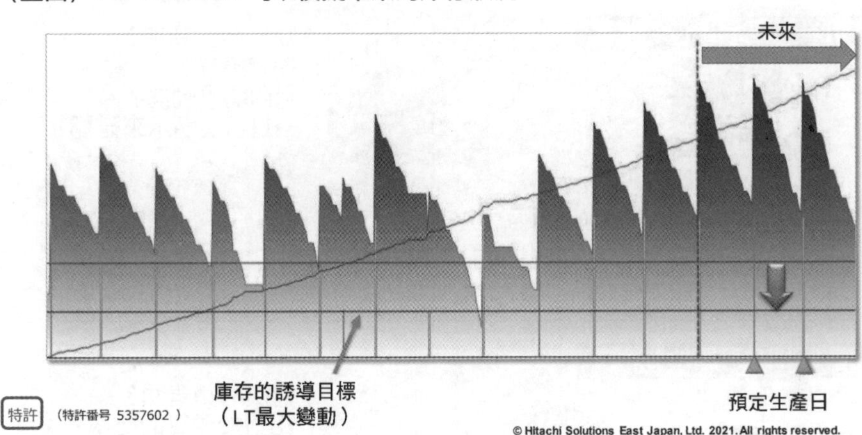

（出處：引用自日立解決方案東日本股份公司的網頁。）

根據討論內容，切換為以月或以日為單位

下頁兩張圖表，顯示了改變時間單位後的庫存量。上圖表示的是日次數據，下圖表示的是月次數據。如對話框中所示，針對按日和按月的圖表，可討論的內容都不同。日次圖表可以檢查缺貨發生頻率和月內的需求趨勢；月次圖表可以檢查每月的銷售情況、相對於預算的比率、以及季節性等各種趨勢。

某個日用品雜貨製造商因為引進了該系統，使得公司的管理階層對庫存變得較敏銳，而且為了能即時應對市場變化，還把管理單位從月次改為日次，並活用在存貨的鮮度管理上。

（畫面）數據化可幫助判斷，切換為按月或按日顯示時，討論的內容也不同

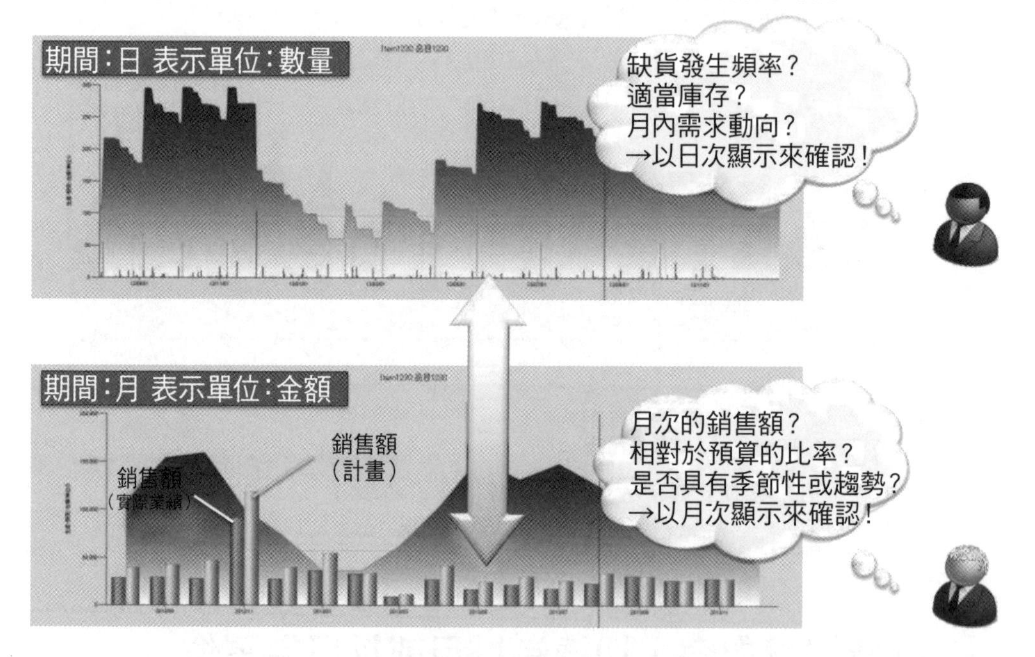

（出處：引用自日立解決方案東日本股份公司的網頁。）

用計算算出什麼時候下單、下多少

日立解決方案東日本公司的SynCAS系統，可以計算建議訂貨量。它也能依據每個項目，選擇要採用哪一種訂貨法，同時也能將資料與需求預測系統連動，計算下單量。

因為SynCAS會依據需求變化，計算建議下單量，只要是交給系統管理的項目，庫存管理人員幾乎不用多費心思。

不僅如此，由於特賣或促銷活動等，無法從過去業績預測未來需求高峰，但庫存管理人員能與業務部門交換資訊，挪出更多時間擬定更精準的預測。

另外，這套系統還能讓使用者以實際數據，試算庫存狀況會如何變化，所以公司能一邊確認效果，同時考慮是否引進。

用 Excel 推算，必須注意是否受人為影響

本書曾介紹如何藉由天數換算來計算下單量，並利用Excel模擬。雖然利用Excel來管理庫存也無妨，但在日常業務中利用時，還是必須小心留意。

可以靈活調整計算公式，確實是Excel的優點，但還是要避

免庫存管理人員按自己的想法操作。重要的是遵循以下原則：「庫存管理應該以公司制定的統一規則來執行。」重點在於如此一來，人員才不至於在管理失敗而蒙受損失時，被追究個人責任。

另外，減少輸入數據的手續、避免系統間重新輸入資料，以及降低輸入錯誤次數等方面的工夫也十分重要。

前述FAIRWAY SOLUTIONS的 ϕ -Pilot Series系統，可按日期掌握傳統生產管理和企業資源規畫（ERP）系統中未涵蓋的「預定庫存」，並化為可見的數據，進而幫助使用者妥善控制每日變動的供需平衡。還能透過獨門開發的計算公式，優化安全庫存。

雖然該公司沒有完整公開詳細的算式，但介紹文中說，這個獨特的算式可幫助實現最低庫存量。

因為能計算出在下一次可進貨的日子該下單多少量，就可讓預定庫存變成安全庫存量，人員只要按照原定計畫出貨，就只會留下安全庫存。等到下單的數量一到貨，就會恢復到原有的存量了。這套系統能以必要且最少量的庫存來營運公司。

下單點是根據前一個月的數據計算出來的，雖然對象期間看似有點短，但這也意味著能忠實依據最近的趨勢來管理庫存。

另外，ϕ -Pilot Series還列舉一些庫存管理上的棘手問題，例如庫存的呈現、如何適當分配存貨到數個倉庫、特賣會和銷售活動的庫存分配、賞味期限管理等，並展示了系統能提供的解方。

可以說，ϕ -Pilot Series已準備一系列的解決方案，因應企業在市場供應活動面臨的問題。它還提供實驗性的雲端服務，提供給想立即開始利用這套系統下單，或者想以較低的價格利用的使用者。

以過去數據為基礎，預測未來需求

日立解決方案東日本公司，還提供了「Forecast Pro」系統，用來預測需求。

基本上，該系統會以兩年以上的出貨資料為根據，預測未來的出貨量，還可以另外加入促銷等活動訊息。至於缺少過往數據的新產品，也能利用相似產品的資料，計算出可供參考的數據。

從導入該系統後的成效來看，可以發現有些產品適合透過系統來預測，有些則否。在導入初期的假設和驗證中，找出適用產品的模式，然後交給系統處理；其他產品則由負責人員處理。如此一來，便有助於實現人與系統的妥善分工。

和其他資訊系統連動，減少失誤

先前介紹的PSI Visualizer，是複數系統集合體的一部分，主要是支援企業的整體供應活動，比較適合大型企業。當然，這套系統也可以單獨使用。

庫存管理周邊系統和需求預測系統（Forecast Pro）等，目的在於提升企業供給活動的水準，日立解決方案東日本公司將其統稱為「scSQUARE」。

其中，需求計畫是指根據兩年以上的長期出貨狀況，預測未來的銷售情況，讓使用者在檢視相關數據時，同時思考必要的應對措施，以盡可能精確的補充庫存。

所謂的供給計畫，是指根據供需計畫解決方案所計算的補充量，來適量生產的系統，很適合製造商。

可以成套，也可單獨使用

ϕ-Pilot Series可選擇安裝以下功能：

● 出貨預測。

- 出貨預測與實際情況的異常。
- 計算生產需求量。
- 定期下單。
- 移動指示。
- 缺貨和損失警告。
- 最佳下單點。
- 監控賞味期限。
- 庫存總覽。
- 每月庫存檢查。
- 下單計算。
- F型安全庫存量。

若自家公司已經有庫存管理系統，而且數據可以和擁有新功能的系統相互連動，那麼只要導入所須的功能即可，如此將能降低成本。

然而，如果用的是網際網路時代之前的資訊系統，整合數據時可能會非常麻煩。此時勇敢淘汰舊有系統，整體來說或許成本還比較低。

在導入 ϕ-Pilot Series的實際案例中，也有人表示藉由客製化軟體套件，便可實現「短時間內導入」和「作業的標準化與削減作業量」。

例如，要管理多個批次產品的賞味期限，作業上相當複雜。

然而從Excel切換到 ϕ -Pilot Series系統的案例中，不僅食品損耗減少了，缺貨的情況也隨之降低。

藉由導入合適的系統，不僅可以讓庫存管理更理想，還可以減少輸入數據的手續、成本和錯誤，進而降低相關的各種作業和成本。

對網路電商業者來說，即時庫存資料至關重要

不論企業規模大小如何，只要銷售實體商品，庫存管理都是必須的技術。但即便管理得不嚴謹，依舊能推展業務，因此許多公司往往過於輕忽。

即使規模較小，但十分需要庫存管理的行業，「電子商務」就是其一。

電商會這麼需要庫存管理，是因為消費者可在網路上輕易比較不同的業者，如果沒有備妥存貨的話，顧客可能就會立刻到其他網站購買。

許多電商業者可能會透過數個渠道，例如樂天市場、亞馬遜，或在自己的網站和實體店鋪販售商品。

當決定要導入庫存管理系統時，必要條件便是能橫跨多個網站、店鋪，盡可能即時掌控庫存。另外，登錄新商品資料時的便利程度，也是重要的考慮因素。

化為數據，就能協同作業和分析

在網路上販賣商品、將產品移出庫存和出貨的流程中，為了創建完善機制，讓數據盡可能不中斷且不須人力介入，重要的是選擇能與管理銷售、庫存等資訊的系統，以及管理物流現場的資訊系統協同工作的類型。管理物流現場的資訊系統，稱為倉庫管理系統（Warehouse Management System，簡稱WMS）。

舉個例子，「Logizard」公司專門提供電商相關的物流、資訊系統，他們透過雲端倉庫管理系統「Logizard ZERO」，得以與許多周邊系統連動。

這套銷售管理、庫存管理系統主要提供給電商業者，它具有豐富的功能，能對應網路上的各種銷售方式。例如，該系統可以實現用一個商品搭配出許多套裝商品的販售管理。業者可先思考今後的發展與期望採取的銷售方式，再決定是否導入。

另一方面，Logizard ZERO似乎不太重視建議下單功能，也就是建議「何時、該下單多少，才不會缺貨」。如果需要這項功能的話，可以考慮引進其他系統。當然，要是想以低成本的方式執行，方法之一是用Excel等軟體自行計算。

所須的數據，應該已經儲存在銷售管理系統和庫存管理系統中，只要下載這些資料，就能利用Excel分析。

相互連動以節省手續、減少失誤

資訊系統之間、企業之間、部門之間，這個「間」字很可能就是浪費的源頭。

庫存自供應商進貨，然後在公司內部從採購部門轉移到生產、物流部門，最終送到客戶手中。過程中要經過好幾個「間」，所以如何順利的流通，就格外重要。

數據和實物一樣，雖然也必須跨越這些「間」，但與實物不同的是，傳遞數據時可以做到彷彿不存在中間過程一樣。藉由系統間的連動，數據可以在不經由人為判斷與中間手續的情況下傳輸和處理。

「Commerce Robotics」公司將必須的資訊系統，以成套的方式提供網路電商業者（Commerce Robo）。這些系統已經預先完成協同連動，只要指導軟體機器人業務流程，那麼以往必須由人為確認的部分，也可以擴展為自動處理，成功減少人為操作。系統連動也代表不需要人員作業，數據就可以在系統之間轉移。

所謂的軟體機器人並非實體機器人，而是會在電腦中自動運作，也就是一般所說的程式。這些步驟也稱為機器人流程自動化（Robotic Process Automation，簡稱為RPA）。

只要讓軟體機器人記住資料處理流程，它就會自動接收客戶的資料，並將其導入自家公司的系統，還能主動把必要的數據，分配到公司的其他數個系統。

因為可以用較低的價格引進，自然成為受到廣泛討論、導入的技術之一，它不僅可以縮短人為的作業時間，還有助於消除作業上的失誤。

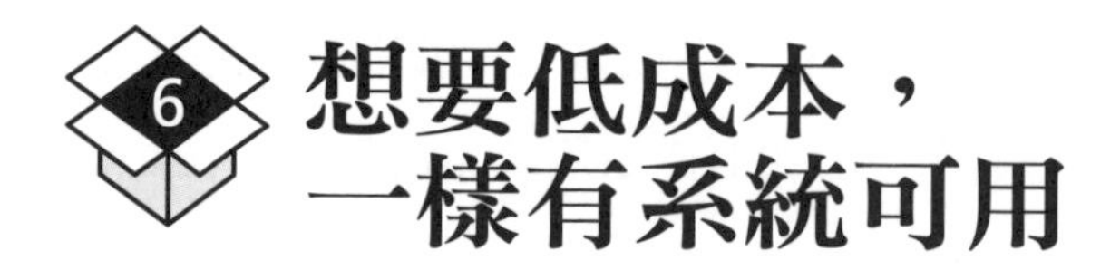

想要低成本，一樣有系統可用

第3章曾談到「下單是庫存管理的一切」。但事實上，能正確掌握庫存資料，才是成功的大前提，也就是必須化為能以電腦處理的數據。如果無法實現，就什麼都做不了。

為了能適度的下單，就需要數據作為基礎。依據過往的出貨紀錄，就可以判讀趨勢並計算下單數量和時機，所以要是只有紙本帳簿紀錄，就沒有「過去數據」可作為分析的基礎了。

擺脫紙本帳簿，才能進一步用數據分析

如果你的公司還在用紙本帳簿管理的話，請立刻檢討擺脫紙本紀錄。因為任何的改善，都需要數據資料。

如果想分析數據，使用紙本帳簿時還得先輸入資料。在這種情況下，連實質上的改善檢討都做不到。甚至會產生許多錯誤和浪費，也無法掌握實際情況。若因此收到客戶的投訴，也沒辦法知道問題出在哪裡，自然找不出要改進的課題。如此一來，便在不知不覺中耗費許多不必要的成本。

近來出現不少價格低廉的系統，也同樣能輕鬆掌握庫存數

據，請務必討論是否引進。

例如，某間公司以手寫單據推展業務時，經常發生書寫錯誤、難以辨認、遺漏、搞錯商品和計算錯誤，結果導致缺貨。但這家公司開始使用「ZAICO」公司的雲端庫存管理系統「zaico」後，不僅員工的工作輕鬆不少，也大幅縮減加班時間，相信這筆系統投資，應該很快就能回收了。

zaico系統可以透過智慧型手機掃描條碼的方式，執行入庫、出貨和盤點作業。如果只是登載入庫和出貨資料、即時掌握庫存餘額的話，還不必收費。

目前，可低價利用的庫存管理系統，大都是利用雲端技術提供。如果是雲端的話，不僅是在單一終端機器或單一辦公室，而是可以從數個場所共享一個資料庫，輸入和閱覽資料，這也是紙本無法實現的。

對於仍以紙本推行業務的公司，我希望各位能嘗試「從多個地點、多人使用同一資料」的雲端環境。一旦體驗過，員工們的觀念應該會有所轉變。

在導入案例中，即使負責人原本反對從紙本移轉至資訊系統，但自從習慣了能免費在庫存管理系統上登錄進、出貨資料後，也表示「希望使用付費版本的下單功能」。

也擁有支援下單的功能

zaico系統有一個功能，是當該下單的時機到了，便會發出提醒。也有功能是提醒用戶後，再用電子郵件發送。

然而，因為必須由使用者自己設定下單點，因此在所設定的下單時機，庫存可能會過剩或過少。如果要設定適當的數值，可能得經過一些試錯的過程。

「Commerce Robotics」公司正在開發一個系統，只要是同公司的WMS使用者，都能利用資料、自動計算建議下單量。這套算式，是參考我所屬的湯淺諮詢股份公司長久以來提倡的算式所建構的。

因為可設定每個項目的交貨前置時間，以及下單批量等制約條件，想必也能實現相當程度的業務自動化。

第6章

物流的發展

「物流危機」即將到來

新的物流課題可能在不久的將來浮現，甚至可能已經發生了。要處理這些問題，會越來越需要庫存管理。

在面對司機短缺、脫碳和SDGs等議題時，較進步的企業正盡可能減少利用卡車，努力實現最小限度且必須的物流。

這種物流指的是僅針對與市場趨勢同步的物流和生產來供給貨物。其中最重要的技術，就是「庫存管理」。

如果沒有辦法做到這一點，就無法把物流限縮在最小且必要的範圍內。若是強行刪減存貨，會導致大量缺貨，有時反而必須緊急生產和臨時補貨，進而拉高成本。可以說，強行減少庫存毫無意義。

過去以來，卡車、司機和工人的供應充足，但這些條件將會逐漸短缺且受限。在這樣的環境變化下，為了確保商品供給順暢、不缺貨，就必須更重視庫存管理。

物流危機的問題不是B2C，而在於B2B

首先，必須了解物流危機到底是指什麼。2017年時，日本雅瑪多（按：YAMATO，較知名的服務就是黑貓宅急便）運輸退出了亞馬遜的當日配送服務。這個話題涉及兩家知名公司，因此在社會上引起了巨大迴響，連平時不關心物流的人，也藉由這個事件開始了解物流危機。

事實上，這個危機直到今天也未完全解決，未來還可能更嚴重，問題的本質在於司機短缺，今後的從業人數將會持續減少。

亞馬遜和樂天的物流都是「宅配」的世界。從電商公司到消費者的業務稱為B2C（Business to Consumer）。目前，宅配方面每年運送約45億個包裹，由於在日本相當普遍，許多人一提到物流，立刻就會聯想到它。

然而物流界的主流，其實是稱為B2B（Business to Business）的企業間物流。雖然兩種運輸形式大不同，很難隨意比較，但如果把整體物流的分量設為10的話，宅配大約只占了「1」而已。企業間的物流量其實十分龐大。

一般所謂的宅配屬於運輸商品，無論是雅瑪多運輸的宅急便，還是佐川急便的飛腳宅配便，基本上運輸型態都相同。他們蒐集貨物，然後在貨運站分類，接著按地區幹線運輸（按：是指把大量貨物集中到一個地方後，再藉由大型卡車送達到不同據點的型態），最後在目的地貨運站分類並配送。

宅配便就像路線公車一樣，有固定的時刻表，不會隨用戶的需求而改變每次的服務內容。例如，在便利商店寄送包裹，就得順應規定：「超過下午5點半之後，就要等到第二天才發送。」

自2017年以來，雅瑪多運輸把中午12點至下午2點這個時間帶，移出指定配送時間的範圍，據說這麼做是為了讓司機能好好吃飯。就像這樣，宅配業者可以依自己的狀況制定服務內容。

另一方面，在B2B中，每家公司的貨物特徵、位置和時間表都不同，物流業者就會配合這些條件。因為貨物形式各式各樣，所以其中也出現強人所難和浪費的狀況。

而且就算物流現場存在大量浪費，除非貨主有意改變，否則根本不可能改善。例如，若必須在同一個時間向多個目的地發貨的話，就要有相應數量的車輛才行。這麼一來，也許每輛卡車的裝載量都非常少。但只要貨主不放寬指定送達時間來解決，就無法改善這個問題。

為了避免物流危機，貨主必須關注運輸現狀，並構思改善的對策。

「2024年問題」限制每次運輸在150公里以內

日本物流業有個名為「2024年問題」的難題。就是從2024年4月起，卡車司機一整年的加班時間，須限制在960小時以內，若違反的話，物流公司將面臨6個月以下的徒刑，或30萬日圓以下罰金。

雖說是960小時以內，但與其他職種、產業的上限720小時相比，可說是相當長。因為司機的工時一向都很長，以至於有人表示「很難縮減到這個程度」。直到今天，仍有許多司機長時間出勤。

加班時間960小時除以12個月，等於每位司機一個月最多只能加班80小時。若想在這個時間內完成工作，有兩點必須注意。其一，是每天的工時不能超過11小時30分；其二，是如果要往返送貨地點的話，單程不能超過150公里（按：臺灣現行《汽車運輸業管理規則》規定大客車職業駕駛，每日開車不得超過10小時，大貨車則未規定）。

長途運輸將更為艱難，靠增加庫存據點因應

也許有人會認為，2024年問題只和卡車運輸業者有關，然而由於卡車司機只能在規定的時間內工作，因此所有利用卡車運輸和配送的貨主，都受到影響。特別是目前正利用長途運輸的貨主，影響更大。

如前所述，單程150公里是一日能往返的標準。如果超過這個距離，就需要兩名司機輪流或跨夜運輸，運費可能會翻漲一倍，貨主得先做好心理準備。即使不必當天返回出發地，可行駛的距離也大約是500公里。考量到送貨前後還有業務要處理，因此實際的可行駛距離，極限可能會落在400至450公里之間。

為了因應這種情況，有些企業便增加新的庫存據點。其實長途運輸原本就不受歡迎，在新冠肺炎疫情之前、運輸需求緊張時，就已經有運輸公司拒絕企業的委託，不願提供車輛。

增加庫存據點，也代表得管理更多倉庫。如果新據點管理不佳，就會陸續發生缺貨或過剩等問題。

如果原本是由經驗豐富的倉管人員勉強維持運作，當增加了據點後，恐怕將無法維持原有的機制。這時該做的是，將庫存管理技術統整為社內的規則，並建立完備系統，好讓每個員工都能執行一定水準以上的管理。

想臨時補貨，貨運公司恐怕也無法緊急出車

過去以來，貨主一般都是只要缺貨就緊急補充。但這種機制的前提是，隨時都能調度到卡車。

然而今後這個前提將要崩毀。從2024年4月開始，日本因為司機短缺的情況越來越嚴重，情勢也越加嚴峻。

在過去，如果貨運單程超過150公里，貨主不會採取任何措施。但在2024年4月以後，就可能會被運輸公司拒絕、不再提供車輛。或者可能在年初時還叫得到車，但將近年底時可能就會被拒載。

另外，包含等待、人工裝載和卸載貨物等重負荷作業在內的運輸，貨運公司也不會再採行，貨主必須及早體認到這一點並採取應對措施。而且，就算是正常的運輸，貨運公司今後也很有可能不再承接，更不用說在緊急需要的時候，可能根本沒車可用。

因此為了避免缺貨，一定要更確實的落實庫存管理，這也是

貨主面對2024年問題時，必須採取的措施。

改善貨車司機的工作環境，可以拯救企業

目前日本國土交通省正在修正法律並制定指導方針，希望藉由提高貨運的生產效率，使物流業能達到永續經營。如果物流業無法實現永續，企業就可能因為零件未送達，而導致生產活動停擺。

如前所述，妨礙物流業達到永續經營的最大瓶頸，就是司機短缺。最根本的解決方法，就是吸引更多人投入這份工作，因此得先改善司機的勞動環境。

過去，貨車司機的工時比日本所有產業的平均值多20%，工資卻低20%。因此想讓更多人成為貨車司機，並不容易。

如果僅從報酬面來看，雖然稱不上理想，但貨車司機也有其他職業欠缺的魅力。例如，在工作時能一個人獨處的職業不多，而貨車司機總是獨自一人。對於喜歡開車、愛到處走動的人自是理所當然，而對於不擅長社交或喜歡獨處的人來說，這很有可能是非常理想的工作。在招聘貨車司機時，如果能著重宣傳這些優點，或許是有效的做法。

如果可以改善貨車司機的工作環境，願意投入這一行的人也會增多，就很有可能因此提高物流的永續性。物流作為支援國民生活的生命線，也會更加穩固。

改善貨車司機的工作環境，能提高物流業的永續性。但對於

負擔運輸成本的貨主來說，運費將不可避免的提高。

由於與海外先進的企業相比，日本企業的利潤率通常較低，因此就算運費單價上揚，經營者還是會希望盡可能降低實際負擔的運費。

先進的企業為了降低物流成本，正在重新審視生產地和消費地的關係，也就是所謂「當地生產，當地銷售」。如果能在消費地附近生產，不僅可以縮短運輸距離，而且即使運費單價上升，支付的總運費還是會下降。

舉例來說，啤酒業已經開始採用這種戰略。其實啤酒業原本就已推展當地生產、當地消費，目的是提供新鮮的啤酒，提高商品價值。現在以單程運輸150公里為標準，把這樣的思維和新建庫存據點的策略相結合。

災害時要持續營運，也能靠庫存管理

營運持續計畫（Business Continuity Planning，簡稱BCP），指的是發生災害等緊急情況時，公司盡可能維持順利營運的計畫。其目的是當遭遇異常氣象引起的自然災害，或大規模系統故障等危機時，公司能將損失降至最低，確保關鍵業務不中斷，並盡快恢復原狀。

雖然營運持續計畫與物流危機是不同範疇的主題，但因為自2011年發生東日本大震災以來，各界更加關注其重要性，所以在此也簡單介紹。

東日本大震災發生後，「供應鏈中斷導致無法生產」的情況受到社會關注。通常一家廠商會向多家製造商供應零件。如此一來，即使是遠離災區的製造商，也可能因上游廠商受災而無法取得零件，導致生產停擺。

以此為教訓，有些製造商採取的策略是「增加庫存，作為營運持續計畫措施」。突發事故或異常氣象可能隨時導致運輸中斷，但即便如此，只要公司有庫存零件或材料，就可以繼續生產。當然，如果所有的庫存都增加，會導致嚴重的過剩問題。

面臨危機時，如果公司還是決定繼續提供某些業務的話，就必須仔細評估為因應生產而預留庫存，並假設可能的危機，設定供應可能中斷的天數，然後計算所須的數量，將其視為營運持續計畫的措施，增加到正常庫存量之上。

到貨時間多一天，有益無害

前置時間包含採購前置時間、生產前置時間、交貨前置時間等，是從發出指示到實現為止的時間差，與庫存管理的關係相當密切。

在此，想和大家談談交貨前置時間，它是指從接到客戶的訂單，到必須交貨為止的時間（天數）。直到最近為止，前置時間有不斷縮短的趨勢，幾乎可說已達到極限。

在日常雜貨和加工食品等業界，從製造商到批發商的交貨前置時間幾乎是1天，而從批發商到零售商則不到1天（也就是傍晚訂購，第二天早上就交貨），這已成為常態。

然而，這導致物流現場的各個環節都出現了浪費。

前置時間短，拉低了運輸和人員的效率

如果前置時間很短，使用車輛的生產力就會下降。車輛的生產力，包括了實車率（每小時的移動公里）（按：指車輛行駛距離中，實際載有貨物行駛的比率。實車率越高，表示運輸效率越好）、積載效率（按：指對於輸送工具或容器的最大載重量，實際載重的比例。積載效率越高，意味著運輸效率越好）和實働率

（按：指在一定的時間內，車輛實際運行的時間或天數的比例。這個指標反映了車輛的使用效率，實働率越高，表示車輛的利用率越高）。

如果前置時間短，就必須在確定實際載運量前，預先安排送貨的車輛。要是在接到訂單後，才發現無法運送的話，會遭到嚴重的客訴，所以必須有充裕時間，提前安排好貨車。

一旦確定載運量後，接下來就會分配貨物給安排的車輛，決定哪些車要運送什麼。此時就算發現有幾輛車不必載貨，也無法取消，因此必須使用安排的所有車輛。如此一來，自然會出現低裝載的貨車。

另一方面，即使已經提前預留所須車輛，但有時會在訂單截止後才發現，實際上還需要更多貨車。這時得在短時間內確保卡車數量足夠，但也得藉由麻煩的手續以及高昂的費用，才能臨時調度。

積載率可以用「積載量÷最大積載量×100」這個算式計算出來，得出的數字越大越好。

相同的問題也發生在倉庫的作業人員身上。一般通常是在不確定貨物量的情況下安排人員，所以人員總會配置得較餘裕。但由於最後幾乎都會過剩，因此導致生產力低下。

此外，由於只有在訂單截止那一刻，才能知道實際的貨物量是否超過預期，因此無法臨時加派人手。結果，為了趕上出貨，就必須催促現有的人力，以加班等方式應對。只是這麼一來，可能會導致作業人員出錯，產生額外的費用。

從1天的工作日程來看，直到接近中午、訂單截止之前，都無法確定出貨狀況；所以當訂單截止後，工作人員就得全部投入工作，無法靈活運用他們的勞動力。

其實，只要把目前的前置時間延長一天，就能改善車輛和工作人員的情況。因為這樣就可以在知道總貨物量後分配車輛，也能提高貨車的積載率，並減少使用的車輛數，降低運輸成本。

不僅如此，因為從早上就能執行有計畫的出貨作業，反而可以有效利用一整天。在了解出貨情況後配置人力，不僅能有計畫的推展作業，避免閒置時間，還可保持高度生產力，自然降低人力成本。

由於可以按計畫出貨，因此出車時間也能保持一致，不會讓司機等待或幫忙搬貨，從而避免不必要的加班。

延長前置時間不僅對供貨方有好處，對收貨方也有益。收貨方同樣能在了解貨物量多寡後，制定工作計畫，從而降低作業成本。

延長前置時間，反而有益無害

一般認為延長前置時間，對收貨方（下單的一方）來說較不利。因為對他們來說，必須得提前1天確定下單的內容。

為了方便讀者想像，請回想一下超市的店鋪。會考慮延長前置時間的，是生產加工食品和日用雜貨類的廠商。例如，味之素和Kewpie兩間食品公司，特別在這方面做了不少研究。像咖哩調理包和罐頭等產品，賞味期限可以從幾個月到一年以上這麼長，店鋪也會留有相當的庫存。就算不採用「今天訂貨、明天到貨」的體制，也可以妥善管理店鋪商品的品質。

如果有家零售商說他們做不到，那麼不得不說，這家廠商的庫存管理能力極差。雖然就算以過去的數據為基礎，也不容易預測未來幾個月的顧客需求，但計算到後天為止所須的商品量，應該沒那麼困難。

圖表 6-1：交貨期限多一天，作業安排可以更精確

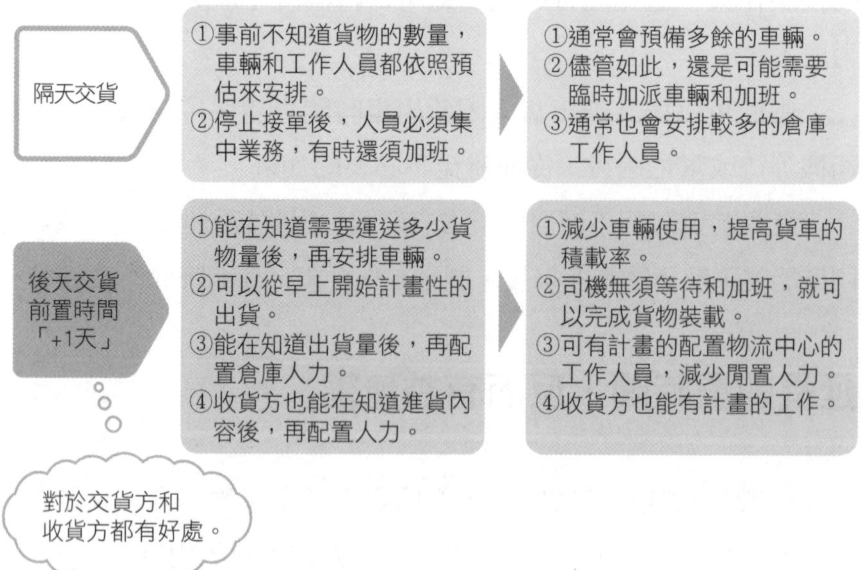

隔天交貨	①事前不知道貨物的數量，車輛和工作人員都依照預估來安排。 ②停止接單後，人員必須集中業務，有時還須加班。	①通常會預備多餘的車輛。 ②儘管如此，還是可能需要臨時加派車輛和加班。 ③通常也會安排較多的倉庫工作人員。
後天交貨 前置時間 「+1天」	①能在知道需要運送多少貨物量後，再安排車輛。 ②可以從早上開始計畫性的出貨。 ③能在知道出貨量後，再配置倉庫人力。 ④收貨方也能在知道進貨內容後，再配置人力。	①減少車輛使用，提高貨車的積載率。 ②司機無須等待和加班，就可以完成貨物裝載。 ③可有計畫的配置物流中心的工作人員，減少閒置人力。 ④收貨方也能有計畫的工作。

對於交貨方和收貨方都有好處。

有人可能會擔心：「要是庫存增加或缺貨的話，就會很麻煩。」但即使延長前置時間，也只是讓商品的進貨時間延後一天而已，幾乎不會有太大的變化。要是真的缺貨，供貨方也可以另外安排車輛，緊急送貨就好。

已經開始執行延長前置時間的零售店中，因為原本就執行自動採購的方式，就算前置時間延長，現場的工作人員也不會特別注意到。

對於收貨方來說，願意接受延長前置時間，可能需要轉變一些想法，但實踐本應該採行的庫存管理，不會帶來巨大的損失。因為延長前置時間後，能讓公司有計畫的接收貨物，當然也能降低成本。

共享倉庫，降低保管成本

近來，各種共享服務非常流行，就連卡車的貨臺和倉庫也能共享。到目前為止，倉儲空間通常是以年為單位來簽約。倉庫單位一般簽的都是長期、大型合約，但這麼一來，便無法靈活應對不斷變化的貨物量。

迄今為止的做法是，就算庫存量增加，依然還是以年為單位簽定合約。業者為了保有更多的倉儲空間，即便得付出相對應的管理成本，也無可奈何。

在日本，倉庫共享服務包含souco和WareX等公司。雖然各家提供的服務內容各不相同，但特徵都是能滿足「只想租借幾週」或「只放幾個棧板」等細緻的需求。

即便立即就要、租期短，也可以在需要的區域租借倉庫

要實現這樣的共享服務，需要穩定的網路環境為基礎。日本政府也支持藉由這類共享服務，降低運輸成本和支持物流業朝向永續發展。這對於租借、出借倉儲空間的雙方都有好處。

對於租借方來說，不必像過去那樣，得隨時保留較大的儲存

空間，因此可望降低固定費用。有時我們也會聽到這樣的心聲：「在繁忙時期，因為倉庫裡東西太多，導致作業生產力下降，真是傷腦筋。」此時，如果附近有保管空間可以租用，就能把部分貨品暫時移到這裡，讓作業環境更舒適，藉以維持員工的高生產力。

而出租方則是倉庫經營者。他們直到目前為止，基本上也是以「長期、大空間」為條件來出租，所以即使有小空間閒置，也無法轉為收益來源。

不過，因為有貨主需要小空間來解決其需求，所以若藉由共享服務出租，就能產生過去想像不到的收益。

假如保管空間固定，即使庫存量增加或減少，成本也不會改變。但若是能有效利用共享服務，把庫存管理限縮到最少且必要的程度，就可能縮減保管空間。

如此一來，就不必確保必要且最大的保管空間，只要維持平均所須的大小即可。當需求產生時，當下再去租用需要的保管空間就好。

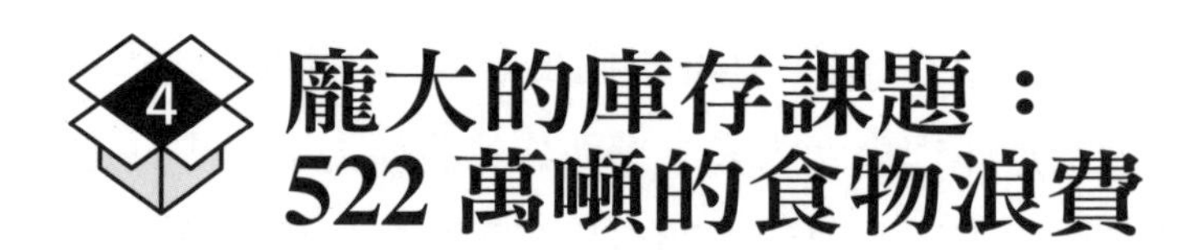

龐大的庫存課題：522萬噸的食物浪費

食物浪費指的是本來可供食用卻被丟棄的食品。在2020年度，日本的食物浪費達到522萬噸。其中，家庭丟棄的食物為247萬噸，而製造商、零售商、外食產業等事業體系丟棄的食物為275萬噸。

這個數字龐大得難以想像，但這其實相當於每個日本國民每天扔掉一碗飯的量。

企業和家庭產生大量的報廢

食物的浪費，可說是食品的庫存管理不當造成的。由於庫存超過需求，銷售得不夠快而造成品質劣化，或因為（消費者的）口味改變，或（消費者對該食物）失去興趣等原因，而被丟棄。

無論是企業還是家庭，管理存貨都需要配合需求來調整。如果只是因為打折，而買了吃不完的食物量，反而會蒙受損失。從庫存管理的視角來看，這是不可取的行為。

日本政府也對大量的食品浪費抱持危機感。當政府查明原因後發現，在檢討庫存管理的技術前，事業體系的食品浪費最大的問題點，其實是商業習慣。

為此，日本農林水產省自2012年起成立了「為減少食品浪費，檢討商業習慣工作小組」，重新檢討所謂的「三分之一原則」，也就是關於交貨期限和賞味期限的標示等。該原則要求交貨給零售商時，必須在商品生產後，到賞味期限到期為止這段時間的前三分之一內完成。

今天，有越來越多的零售商放寬交貨期限，例如像AEON、伊藤洋華堂、KASUMI等大型連鎖店，都已實施「二分之一原則」來放寬。

從開始著手的2012年度、食物浪費為642萬噸，到2020年度時已降至522萬噸。雖然已不斷嘗試削減食品浪費，但其實應該能減少得更多才是。

改善三分之一原則

儘管「三分之一原則」只是商業習慣，卻在庫存管理上衍生極大的問題。例如，如果商品的賞味期限為六個月，必須在製造後兩個月內出貨給零售店。如果超過這個期限，商品可能無處可去，甚至可能報廢。

目前，日本正不斷放寬交貨期限，已經逐漸從「三分之一原則」放寬到「二分之一原則」，逐步改善中。然而，歐洲目前實行的是「三分之二原則」，所以其實還有放寬的餘地。

另外，即使商品還在銷售，有些零售商也會因為已接近賞味期限，而提前從店頭撤下，這種做法也導致了食品浪費。所以有人提出，就算相當接近賞味期限，商品仍應該放在貨架上銷售。

從2017年度在京都市舉行的社會實驗中，觀察消費者的行為後可以發現，即使是距離賞味期限較短的商品，如果能有適當的折扣，顧客仍然會選擇購買。另外該實驗也證明，這種做法可減少報廢的數量。

以年、月來標示賞味期限

日本的加工食品和飲料行業，正努力改以年、月來標示賞味期限。

同一種商品，如果製造日期不同，在物流上會被視為「不同產品」，在倉庫裡會分開儲存，運輸時也需要特別區分，這也降低了物流效率。

另外，日本的商業習慣中，也不允許發生「日期逆轉」的情形。例如，即使商品的賞味期限還有一年以上，但如果昨天交貨的商品，賞味期限是「2023年9月2日」，而今天即將交貨的商品賞味期限是「2023年9月1日」的話，店家就會拒收今天的貨。最後貨車只能載著好不容易運來的商品返回。

任何人都希望後到的商品比較新鮮，這一點無可厚非。但實際上，以上述的例子來看，先到和後到的商品，在品質上應該沒有什麼問題和差別。其實，不允許日期逆轉並非法律規定，只是商業慣例而已。

如果改成用年、月來標示的話，那麼前述提到的商品，賞味期限不論是「2023年9月1日」還是「2023年9月2日」，都會標示為「2023年8月」，因此交貨時就不會造成問題。

有人可能會擔憂，如果改用年、月來標示的話，是否會導致期限延長？但正如上例所示，如果賞味期限是一個月中的某一天，會直接四捨五入、標示為前一個月，所以實質上賞味期限反而縮短了。

永續發展目標、碳中和與庫存

2015 年聯合國選定了SDGs，包含17個目標和169個指標，雖然沒有法律上的義務，但企業是否遵循SDGs，可能會成為其他公司是否與其交易的條件。

由於不少歐美企業相當重視SDGs，因此與這些企業有大量業務往來的公司，或者與歐美企業有大量生意往來的日本企業交易時，可能會要求回應SDGs訴求。

至於具體做法是什麼？其中包含轉而使用對環境友善的材料，或替換成再生能源等。許多措施都可能導致成本大幅上升。

然而，當考量到如何在物流中實踐SDGs時，會發現很多應對措施不僅有助於降低成本，往往也會成為解決物流危機的對策，因此應該積極推展。尤其是關於庫存問題，像是該如何處理滯銷商品等議題，不論從經營面或SDGs的角度來看，都希望能盡量減少滯銷的庫存。

縮減庫存也能減少碳排放？

碳中和的英文為「Carbon Neutrality」，其中「Carbon」是指

碳，「Neutrality」的意思是中立，這個詞指的是把溫室氣體的排放實質上降到零。只不過，現實中很難將溫室氣體的排放完全減到零，因此思維上是從溫室氣體的排放量中，扣除能被吸收或移除的量，使總體上達到加減後為零。

生產商品會使用能源。而無論是移動或保管存貨，也都會耗能。可以說，在庫存的整個生命週期中，都會持續消耗。

進一步來說，商品未能售出、要廢棄時，同樣也會消耗與報廢相關的能源。因此，將庫存量保持在必要的最低限度，盡量減少移動，盡可能將其銷售完畢，就非常重要。

生產和維持庫存都得利用能源。從環保的角度來看，持有多餘庫存也是大問題。製造、保管都要成本，而廢棄也要耗費成本。因此，過剩的存貨只會對企業帶來負面影響。

至於該如何減少多餘庫存，其實很簡單，只要別生產過多就行了。不過度製造，就能減少消耗能源。

以時尚服飾業為例，要生產一件T恤，需要3,000公升的水。需要這麼多能源生產的商品，如果最終被丟棄，實在太浪費了。

這種銷售方式不須管理庫存——預訂

有一家女裝品牌名為「kay me」，雖然銷售策略是絕不打折，但「預訂」新產品時，卻是唯一打折的時候。

因為是接受預訂來生產，商品可以確實售出，因此從管理存貨的角度來看，這是最佳的狀態。換句話說，這是無須預測的庫存管理。

該季結束時打折出售的商品，從「新鮮度」來看，對顧客而言稱不上是最佳選擇。而在kay me的策略下，顧客可以用較低的價格購買新品，而企業也可以生產、銷售「確定能賣出」的產品，這對雙方來說都是令人高興的雙贏機制。

如果能從預訂數量預估銷售總數的話，的確有助於確實管理庫存。實際上，目前kay me正在實現服裝零報廢的目標。儘管顧客們有各種不同的個性，「預訂購買」和「看過實物後才購買」的客層也不同，從結果來看，雖然不一定「預訂量大＝銷售總數多」，但隨著不斷累積大量數據，相信也能更精準的分析。

庫存要管得精，從分析數據著手

如何才能賣多少就生產多少？要實現這個理想，仍然得活用庫存管理技能。

公司可以利用過去的出貨趨勢和計畫的銷售資訊等，預測所須的商品數量，並以此管理生產量。只要有數據，就能依循商品的生命週期來分析。

例如，有一個實驗證明以下假設非常有效：「天氣的相關數據，有助於預測食品的銷量。」以保存期限較短的商品來說，提高預測精準度便十分有價值。

除了製造商的資訊外，如果也能妥善利用批發商和零售商的銷售數據，便能更準確的預測趨勢。今後的資訊系統將更進化，能即時分析大量資料。為了提高精準度，前提是擁有豐富的分析素材。

換句話說，以往的數據就宛如寶山一樣，各位不妨就從現在開始累積數位資料。

不要浪費卡車、倉庫和人力

不浪費能源，不僅是指避免過度生產，還包含不濫用運輸卡車和儲存的倉庫。如果考慮到工作方式改革和2024年問題的話，也要妥善利用從業人員的工時。

在物流成本管理中，「是否有效率的執行運輸業務」雖然要緊，但同等重要、甚至更重要的，是「市場是否真的需要這些四處移動的庫存」。

如果生產和採購後、出貨的商品最終滯銷，在倉庫裡躺了好幾年，那麼參與供給的人員所耗費的辛勞和時間，就全白費了。

我真心希望，藉由妥善、確實的管理庫存，可以確保貨車運輸的商品、保管在倉庫裡的存貨，以及作業人員在倉庫內移動的產品，都能到達終端用戶的手中，發揮它們的功用。

書末參考資料

第 5 章提到的資訊系統及其URL一覽

公司名稱：Commerce Robotics （コマースロボティクス）

系統名稱：Commerce Robo （コマースロボ）

網址：https://www.commerce-robo.com/index.html

公司名稱：ZAICO

系統名稱：zaico

網址：https://www.zaico.co.jp/

公司名稱：西濃資訊服務 （セイノー情報サービス）

系統名稱：SLASH

網址：https://www.siscloud.jp/logistics-it-cloud/solution/slash/

公司名稱：日立解決方案東日本公司 （日立ソリューションズ東日本）

系統名稱：scSQUARE（相關系統的總稱）

網址：https://www.hitachi-solutions-east.co.jp/products/synapsesuite/

系統名稱：預測需求 下單計畫Solution「SynCAS」

網址：https://www.hitachi-solutions-east.co.jp/products/synapsesuite/syncas/index.html/

系統名稱：**預測需求** Forecast Pro
網址：https://www.hitachi-solutions-east.co.jp/products/synapsesuite/forecastpro/index.html/
系統名稱：SynCAS PSI Visualizer
網址：https://www.hitachi-solutions-east.co.jp/products/syncas_psi/index.html/

公司名稱：Fairway Solutions（**フェアウェイソリューションズ**）
系統名稱：φ-Pilot Series（ファイパイロットシリーズ）
網址：https://www.fw-solutions.com/

公司名稱：Logizard（**ロジザード**）
系統名稱：Logizard Zero（ロジザードZERO）
網址：https://www.logizard-zero.com/

國家圖書館出版品預行編目（CIP）資料

獲利的魔鬼藏在庫存裡：從網店經營，到公司採購、業務、財務、主管必學的訂貨與存貨技術。／芝田稔子著；林巍翰譯. -- 初版. -- 臺北市：大是文化有限公司，2024.09
272 面；17 × 23 公分. --（Biz ; 463）
ISBN 978-626-7448-88-5（平裝）

1.CST：庫存管理　2.CST：採購管理

494.57　113008483

Biz 463

獲利的魔鬼藏在庫存裡

從網店經營，到公司採購、業務、財務、主管必學的訂貨與存貨技術。

作　　者／芝田稔子
譯　　者／林巍翰
校對編輯／陳竑悳
副 主 編／劉宗德
副總編輯／顏惠君
總 編 輯／吳依瑋
發 行 人／徐仲秋
會計部｜主辦會計／許鳳雪、助理／李秀娟
版權部｜經理／郝麗珍
行銷業務部｜業務經理／留婉茹、行銷經理／徐千晴、專員／馬絮盈、助理／連玉、林祐豐
行銷、業務與網路書店總監／林裕安
總經理／陳絜吾

出 版 者／大是文化有限公司
臺北市 100 衡陽路7號8樓
編輯部電話：（02）23757911
購書相關諮詢請洽：（02）23757911 分機122
24小時讀者服務傳真：（02）23756999
讀者服務E-mail：dscsms28@gmail.com
郵政劃撥帳號：19983366　　戶名：大是文化有限公司

法律顧問／永然聯合法律事務所
香港發行／豐達出版發行有限公司Rich Publishing & Distribution Ltd
香港柴灣永泰道70號柴灣工業城第2期1805室
Unit 1805, Ph.2, Chai Wan Ind City, 70 Wing Tai Rd, Chai Wan, Hong Kong
Tel：2172-6513　Fax：2172-4355　E-mail：cary@subseasy.com.hk

封面設計／林雯瑛
內頁排版／陳相蓉
印　　刷／緯峰印刷股份有限公司
出版日期／2024年9月初版
定　　價／460元（缺頁或裝訂錯誤的書，請寄回更換）
I S B N／978-626-7448-88-5
電子書I S B N／9786267448939（PDF）
9786267448922（EPUB）
Printed in Taiwan